全国农业职业技能培训教材

"为渔民服务"系列丛书

科技下乡技术用书

全国水产技术推广总站·组织编写

异育银鲫"中科3号"繁养技术

桂建芳　主编

海洋出版社

2016年·北京

内 容 简 介

异育银鲫"中科3号"是中国科学院水生生物研究所利用银鲫双重生殖方式培育的水产新品种,是大宗淡水鱼类产业技术体系推介的第一个水产新品种,也是农业部连续六年向全国推介的主导水产品种。本书从异育银鲫"中科3号"选育历史和品种优良性状入手,综合了该新品种的苗种繁育、养殖模式和病害防控的等多方面养殖技术,是该新品种自2008年通过水产新品种审定并得到大规模推广应用以来养殖技术的全面总结。集成技术既有传统的养殖模式描述,又有现代养殖创新方法的介绍,又有成功养殖经验的实例讲解,还有适合不同养殖地区的养殖模式的示范展示,总结的技术具有很强的操作性。本书可供从事水产养殖推广人员、养殖技术人员和相关管理人员学习使用,也可以供水产科研人员、教学工作者、鱼类遗传学和水产专业学生学习阅读。

图书在版编目(CIP)数据

异育银鲫"中科3号"繁养技术/桂建芳主编.—北京:海洋出版社,2016.7
(为渔民服务系列丛书)
ISBN 978 - 7 - 5027 - 9546 - 7

Ⅰ.①异… Ⅱ.①桂… Ⅲ.①鲫 - 淡水养殖 Ⅳ.①S965.117

中国版本图书馆 CIP 数据核字(2016)第 175158 号

责任编辑:朱莉萍 杨 明
责任印制:赵麟苏

海洋出版社 出版发行

http://www.oceanpress.com.cn

北京市海淀区大慧寺路8号 邮编:100081
北京朝阳印刷厂有限责任公司印刷 新华书店发行所经销
2016 年 9 月第 1 版 2016 年 9 月北京第 1 次印刷
开本:787mm×1092mm 1/16 印张:8.5
字数:112 千字 定价:30.00 元
发行部 62132549 邮购部 68038093 总编室 62114335
海洋版图书印、装错误可随时退换

"为渔民服务" 系列丛书编委会

主　任：孙有恒

副主任：蒋宏斌　朱莉萍

主　编：蒋宏斌　朱莉萍

编　委：（按姓氏笔画排序）

王虹人	王　艳	王雅妮	毛洪顺	毛栽华
孔令杰	史建华	包海岩	任武成	刘　彤
刘学光	李同国	张秋明	张镇海	陈焕根
范　伟	金广海	周遵春	孟和平	赵志英
贾　丽	柴　炎	晏　宏	黄丽莎	黄　健
龚珞军	符　云	斯烈钢	董济军	蒋　军
蔡引伟	潘　勇			

《异育银鲫"中科 3 号"繁养技术》
编委会

主　　编：桂建芳

副 主 编：王忠卫　周　莉　王勋伟

编写人员：桂建芳　王忠卫　周　莉　付国斌　王勋伟

前　言

鲫鱼是我国重要的淡水养殖鱼类，与"四大家鱼"、鲤和鳊合称为大宗淡水鱼。2013 年我国鲫产量为 259.44 万吨，占大宗淡水鱼养殖产量的 13.79%，占全国淡水总产量的 9.25%。从养殖产量来看，鲫是我国淡水养殖发展的关键主导品种之一，又因为鲫肉味鲜美一直是我国人民普遍喜食的鱼类之一，因此对于我国粮食安全具有重要作用。鲫鱼生态适应能力强，生长快，易饲养，抗病力强，在全国 31 个省、市、自治区都有养殖。从全国养殖统计来看，江苏、湖北、江西、安徽、山东、四川、广东和湖南等地是我国的鲫鱼主产区，2013 年养殖产量超过 100 万吨，其中湖北超过 40 万吨，江苏超过 60 万吨。然而鲫鱼养殖仍面临品种混杂、受养殖环境影响病害发生严重的情况，严重制约了鲫鱼产业的发展，尤其是经历了从 20 世纪 80 年代以来鲫鱼产量的快速发展后，在 2003—2008 年全国鲫鱼产量徘徊不前，有的年份甚至有下降，因此亟须鲫鱼养殖品种的更新。

异育银鲫"中科 3 号"就是在鉴定出可区分银鲫不同克隆系的分子标记，证实银鲫同时存在单性雌核生殖和两性有性生殖双重生殖方式的基础上。利用银鲫双重生殖方式，进行银鲫不同雌核发育系间的两性交配和对所获优势个体进行多代单性雌核生殖扩繁，经养殖经济性状评估和分子标记示踪，培育获得的新一代异育银鲫新品种，2008年通过了全国水产新品种审定。与已大面积推广的高体型异育银鲫相比，异育银鲫"中科 3 号"的生长速度平均快 20% 以上，出肉率高 6.26%，其抗病力较强，肝脏碘泡虫病发病率低。同时鳞片紧密，不易掉鳞；体色银灰，体型较长；饲料系数平均低 0.1；遗传性状稳定；售价比其他鲫鱼高出 17.9%，价格优势明显。适宜在全国范围内的各种可控水体内养殖，有重大的推广应用潜力。2009 年以来，异育银鲫"中科 3 号"迅速在全国得到推广应用，在多个鲫鱼主产区完成了新品种的更新，全国鲫鱼产量又呈现稳定增长的趋势。

但是，目前我国鲫鱼养殖还没有完全摆脱传统的养殖模式，养殖产量和养殖效益的提升空间比较小，也因为高密度的养殖造成了水环境的污染，更严重的是导致了流行性疾病的发生。要实现增产增效，仅靠优良品种是不够的，还需要科学的养殖方法，做到"良种良法"。通过建立科学的新养殖模式，转变渔业增长方式，逐渐实现以质量和效益为目标的生态高效模式，全面提升鲫鱼产业发展水平。

为了促进异育银鲫"中科 3 号"的推广应用，国家大宗淡水鱼类产业技术体系鲫鱼种质资源与育种岗位联合 30 个综合试验站开展了异育银鲫"中科 3 号"的规模化苗种繁育、高效生态养殖模式示范以及病害防控研究。本书以育种岗位和综合试验站八年来的研发成果为基础，同时还收集了部分水产推广部门和养殖企业的相关技术总结，整理总结出了关于异育银鲫"中科 3 号"繁养和病害防控的技术。

由于时间仓促，资料信息来源不全，加上作者水平有限，书中难免会有错误和表述不准确之处，敬请广大读者批评指正。

编著者
2016 年 4 月

目　　录

第一章
异育银鲫"中科3号"选育

第一节　银鲫介绍

　　鲫鱼是我国重要的淡水经济养殖鱼类，在我国已经有2000多年的养殖历史，异育银鲫作为养殖品种的养殖只有30多年。异育银鲫因其生态适应能力强，生长快，易饲养，抗病力强，从20世纪80年代以来，异育银鲫、方正银鲫、彭泽鲫等银鲫品种在全国普遍推广养殖后，鲫鱼的养殖规模和养殖潜力越来越大。从2005年以来，全国鲫鱼的年总产量一直维持在200万吨以上，在淡水养殖中占据十分重要的地位。值得一提的是，近年来遗传育种专家又先后选育出了异育银鲫"中科3号"、湘云鲫、黄金鲫等鲫鱼新品种，目前已经基本完成了鲫鱼养殖品种更新，在全国范围内实现了良种覆盖。近年来，这些养殖品种作为农业部推介的水产主导品种和主推技术，促进了鲫鱼产业的快速发展，以及促使全国鲫鱼总产量呈现逐年稳步增长的趋势（《全国渔业年鉴2009—2014》）。鲫鱼的年总产量从1970年不足2万吨到2014年的270万吨，42年增长了约135倍（图1.1）。

　　鲫鱼是由观赏类金鱼、野生鲫鱼以及多倍体银鲫组成的鲫鱼复合体，起

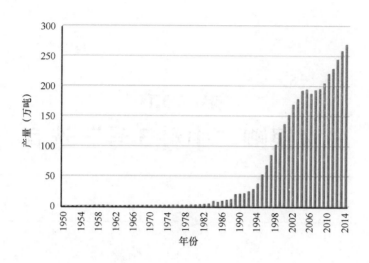

图 1.1　中国鲫鱼年总产量统计

源于东亚，并广泛分布于欧亚大陆（Hanfling et al.，2005；Toth et al.，2005；Liousia et al.，2008；Vetesnik et al.，2007；Sakai et al.，2009；Jakovlic et al.，2011）。染色体及其核型分析表明鲫鱼复合体中有 100 条染色体的二倍体鲫，还有超过 150 条染色体的多倍体银鲫，它们在形态上没有明显的可区分差异（Zhou et al.，2002；Zhu et al.，2006；Gui et al.，2010；Jakovlic et al.，2011；Jiang et al.，2013；Li et al.，2014a；Li et al.，2014b）。研究表明，100 条染色体的二倍体鲫发生了四倍化，三倍体银鲫在进化上被认为是六倍体（Zhou et al.，2002；Yang et al.，2004；Zhu et al.，2006；Li et al.，2014b）。鲫鱼种质资源调查发现，在银鲫自然群体中存在一定比例的雄性个体，并且研究表明银鲫具有两性生殖、雌核生殖甚至雄核生殖多重生殖方式（Zhou et al.，2000；Gui et al.，2010；Wang et al.，2011）。最近研究发现，银鲫 D 系卵子当与同一克隆雄鱼的精子受精时行有性生殖，当与异种红鲤雄鱼的精子受精时行单性雌核生殖，当与不同克隆的雄鱼精子受精时行类杂种生殖，并发现这三种不同的应答机制在进入第一次有丝分裂所需时间上存在有差异（Zhang et al.，2015），这些研究又进一步丰富了银鲫的生殖方式。

银鲫为典型的底层鱼类，对生存环境表现出高度的适应性，对水体的温度、pH 值、盐度和溶解氧等有较强的忍受力，因此适宜在我国各种水体养殖，如江河、湖泊、水库、稻田和池塘中养殖。银鲫对水温的适应范围广，因此在全国各地均可安全越冬，最佳生长水温 25～30℃，在此温度范围内，银鲫摄食旺盛，生长速度快。银鲫可生活在盐碱水域，但对偏酸性的草炭水域不适应，略偏碱性的水体有利于银鲫的生长，江苏沿海地区的盐碱地被改造成鲫鱼养殖池塘已经取得成功。它们对水中溶解氧的要求不严格，一般要求 3 毫克/升以上，但在几乎测不到溶氧的水中，仍能存活，显示出银鲫高度的耐低氧能力。

银鲫为杂食性鱼类，在天然条件下，一般以浮游动物、浮游植物、底栖动植物以及有机碎屑等为食物。而且食物的种类随着其个体大小、季节、环境条件、水体中优势生物种群的不同而相应有所改变。如水花苗种主要以轮虫为主；幼鱼主要以藻类、轮虫、枝角类等动物性食料为主；夏花苗种到成鱼可以摄食附生藻类、浮萍等植物性食料。在人工养殖条件下，以配合饲料为主，同时还兼食水体中的天然饵料。近年来随着鲫鱼产业的快速发展以及消费者对大规格鲫鱼的需求，目前鲫鱼养殖一般采用投喂鲫鱼专用饲料，同时还根据养殖过程中不同养殖阶段鱼体大小设计不同的配方饲料，并结合合理的投喂模式，探索银鲫最适合养殖模式。

在银鲫野生种质资源调查中还发现，我国部分地区存在特有的地方性银鲫品系，如江西彭泽鲫、贵州普安鲫、河南淇河鲫、江西萍乡肉红鲫、安徽滁州鲫和额尔齐斯河银鲫等。遗传分析表明，银鲫品系之间存在明显的遗传差异，然而这些银鲫品系之间存在一个共同的特点，就是所有的三倍体银鲫品系都具有雌核发育的生殖方式，因此其繁殖过程相似，即利用兴国红鲤等外源精子激活银鲫成熟卵子就可以获得全雌性后代，实现品系的快速扩繁。

另外各银鲫品系的生态生活习性也很相似，因此本养殖技术适用于全部银鲫品系。

第二节　异育银鲫"中科 3 号"选育

　　银鲫在我国已经有了很长的养殖历史，然而大规模的人工养殖应该开始于 20 世纪 80 年代的异育银鲫的选育和推广。异育银鲫是中国科学院水生生物研究所选育的第一代银鲫新品种，在发现其异精雌核发育生殖方式的基础上，用兴国红鲤作为异源精子刺激银鲫卵子雌核发育生殖产生的全雌性后代。第二代异育银鲫是 20 世纪 90 年代采用血清蛋白的电泳表型在方正银鲫群体中区分出 4 个不同雌核发育克隆系，经多年生长对比养殖试验发现克隆系间存在明显的生长差异而选育出来的异育银鲫新品种，因为该克隆系相对于其他几个克隆系具有较高的背部，因此该克隆系被习惯称为高背鲫（高体型异育银鲫）。前两代异育银鲫在全国推广养殖后，已显著推动了鲫鱼养殖业的进步和发展。然而在鲫鱼产业化养殖过程中出现了多种阻碍鲫鱼产业健康快速发展的不利因素，如鲫鱼品种混杂、生产性能退化以及抗病能力下降等。因此培育生长快、抗病抗逆能力强的鲫鱼新品种是促进鲫鱼产业健康发展的必然要求。

　　异育银鲫"中科 3 号"是中国科学院水生生物研究所培育出来的第三代异育银鲫新品种。它是在鉴定出可区分银鲫不同克隆系的分子标记，证实银鲫同时存在雌核生殖和有性生殖双重生殖方式的基础上，利用银鲫双重生殖方式，从高体型（D 系）银鲫（♀）与平背型（A 系）银鲫（♂）交配所产后代中筛选出少数优良个体，再经异精雌核发育增殖，经多代生长对比养殖试验评价培育出来的。通过对异育银鲫"中科 3 号"的遗传特征进行了染色体计数、Cot - 1 DNA 荧光显带核型、微卫星 DNA 标记、AFLP 标记、转铁蛋白等位基因序列测定以及线粒体 DNA 全序列测定等比较分析。研究结果表明，异育银鲫"中科 3 号"的核基因组与 A 系银鲫的核基因组相同，而线粒体 DNA 全序列与 D 系银鲫的线粒体 DNA 相同。由此揭示异育银鲫"中科 3 号"是一个新的核质杂种克隆，其形成的机制是 A 系银鲫的精子在 D 系银鲫的卵质中经雄核发育产生。人工繁育实验及其连续七代的微卫星 DNA 和 AFLP 标记分析表明，异育银鲫"中科 3 号"仍然保留了单性雌核生殖的能力，能够产生遗传性状与其克隆繁殖用的核质杂种母本完全一致的后代，遗传性状稳定（图 1.2）（桂建芳，2009；Wang et al.，2011）。

第三节　异育银鲫"中科 3 号"优良性状

异育银鲫"中科 3 号"体色为银黑色，鳞片紧密，肝脏致密，鲜红色，几乎覆盖整个肠部。其可量形态学性状见表 1.1：

表 1.1　异育银鲫"中科 3 号"形态性状指标　　　　　　单位：厘米

形态学指标	异育银鲫"中科 3 号"		
体长/体高	2.60 ± 0.06		
体长/头长	4.30 ± 0.19		
体长/吻长	4.46 ± 0.50		
头长/眼径	4.22 ± 0.18		
头长/眼间距	2.01 ± 0.10		
体长/尾柄长	8.68 ± 0.47		
尾柄长/尾柄高	0.74 ± 0.04		
侧线鳞	30	6 ~ 7	32
		7	

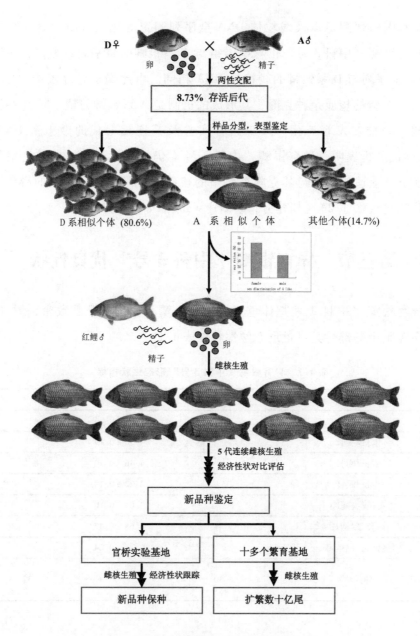

图 1.2　异育银鲫"中科 3 号"选育路线

一、生长速度快

异育银鲫 "中科3号" 在选育过程中就是选择生长优势明显的个体经多代雌核生殖快速扩群获得新品种，与母本高背鲫相比具有明显的生长优势。连续 3 年对异育银鲫 "中科 3 号" 和高背鲫进行小规模生长对比试验。为了保证相同的养殖条件，在同一池塘中投放相同数量的异育银鲫 "中科 3 号" 和高背鲫。结果显示：1 龄异育银鲫 "中科 3 号" 比高背鲫生长平均快 28.43%；2 龄异育银鲫 "中科 3 号" 比高背鲫生长快 18.0%；3 龄异育银鲫 "中科 3 号" 比高背鲫生长快 34.4%。中试养殖试验也表明，与普通异育银鲫相比，异育银鲫 "中科 3 号" 生长速度提高约 15% ~ 25%，饲料系数降低 0.1 ~ 0.2，明显降低了养殖成本，亩获利能力增加 200 ~ 300 元。与其他养殖品种相比，体现出明显的生长优势（陈学年等，2011；黄庆等，2013；桑石磊等，2014；杨锦英等，2014）。

二、抗吴李碘泡虫能力强

在进行生长对比养殖试验中，还发现混养等量的 400 尾异育银鲫 "中科 3 号" 和高背鲫的池塘中，收获的 "中科 3 号" 有 394 尾，而高背鲫只有 272 尾，且在 272 尾中还有 10% 左右具有腹部庞大患病的个体。解剖发现，异育银鲫 "中科 3 号" 肝脏组织致密，呈暗红色；正常的高背鲫肝脏组织稀疏，呈粉红色，腹腔黏液多；而患病的高背鲫肝脏形似一个巨大的白色肿块，占据了整个腹腔（图 1.3）。组织切片分析显示，"中科 3 号" 肝脏组织切片致密，高背鲫肝脏组织切片稀疏，而患病的高背鲫的肝脏病理切片显示，病鱼患有严重的吴李碘泡虫病，其肝组织被严重破坏，整个肝脏基本上被虫体所充满，形成巨大胞囊，在一些小胞囊的四周，可见一些肝细胞。到感染寄生虫后期，因整个肝脏基本上被虫体所充满，肝脏的正常功能严重受损，致使病鱼死亡。由此可见，与高背鲫相比，异育银鲫"中科3号"有较强的耐受能力，其寄生于肝脏的吴李碘泡虫病发病率低。

图1.3　异育银鲫"中科3号"和高背鲫感染肝脏碘泡虫内脏解剖

（上：异育银鲫"中科3号"；中：正常高背鲫；下：患病高背鲫）

三、出肉率高

　　鱼类出肉率是一个重要的经济指标，通过解剖测量2龄"中科3号"和高背鲫的空壳重，发现"中科3号"的出肉率比高背鲫高6.26%。

四、其他优良性状

异育银鲫 "中科 3 号" 除了生长速度快、抗吴李碘泡虫能力强以及出肉率高以外，还具有良好的商品性状，体色银黑，鳞片紧密，接近野生鲫鱼的特征，与其他鲫鱼养殖品种相比具有明显的价格优势。另外相对于高背鲫，异育银鲫 "中科 3 号" 鳞片紧密不易脱鳞，适合长途运输且不易受伤。因此异育银鲫 "中科 3 号" 更受消费者青睐，加上其明显的价格优势，具有巨大的养殖推广前景。

第四节　异育银鲫 "中科 3 号" 推广养殖

异育银鲫 "中科 3 号" 是 2007 年通过国家水产原良种委员会审定的水产新品种（品种登记号：GS01 - 002 - 2007），2008 年始开展规模化苗种繁育和推广养殖。培育完成单位中国科学院水生生物研究所已先后与广东海大集团股份有限公司、黄石市富尔水产苗种有限公司、肇庆学院、扬州市水产生产技术指导站、淮安市水产技术指导站、湖北省水产良种试验站和黄冈市水产科学研究所等单位开展了密切的合作，进行了异育银鲫 "中科 3 号" 大规模苗种繁育和推广养殖。同时还开展完成了苗种培育技术、成鱼养殖模式以及病害防控技术的相关研究。异育银鲫 "中科 3 号" 作为国家大宗淡水鱼类产业技术体系推介的第一个水产新品种于 2008 年 3 月在湖北黄石召开了新品种推介会，通过体系宣传和 26 个综合试验站引进示范养殖，异育银鲫 "中科 3 号" 新品种迅速得到示范养殖和市场认可。同时异育银鲫 "中科 3 号" 从 2009 年起连续六年被作为农业部推介的渔业主导品种之一，对异育银鲫 "中科 3 号" 的大规模推广养殖起到了重要推动作用。2008 年以来已生产异育银鲫 "中科 3 号" 优质苗种超过 350 亿尾，苗种已经推广应用到湖北、江苏、广东、广西、福建、江西、湖南、新疆、吉林、北京、天津、上海、四川、重庆、云南、宁夏、安徽、浙江、内蒙、河南、甘肃、贵州、陕西等 25 个省、市、自治区（张韦等，2012；沈丽红，2011；魁海刚，2012；张晓东，2012；周永兴等，2012；贾景瑞，2014；刘贵仁，2014；郑伟，2015）。初步养殖结果表明异育银鲫"中科 3 号"其增产幅度普遍在 25% 以上，鱼种成活率在 70% ~ 90%，养殖模式以池塘主养和套养两种方式为主，其次还有稻田养殖和网箱养殖，饲料系数在 1.2 ~ 1.7。异育银鲫"中科 3 号"繁育和产业化养殖创造出重大的社会经济效益和社会效益。

江都市渌洋湖水产养殖场于 2008—2009 年引进异育银鲫"中科 3 号"亲本，并对其进行了养殖、鱼苗半人工繁殖和鱼种培育，他们评价："异育银鲫'中科 3 号'每千克产苗 3.2 万尾，较往年普通异育银鲫繁殖每千克产苗 2 万尾高 1.2 万尾，体现了异育银鲫'中科 3 号'母本亲鱼怀卵量大和孵化率高的优势，尤其是普通异育银鲫受精卵有霉卵多、孵化率低的缺陷。""养殖户花明官鱼苗培育不足 30 天时间，而亩*产效益超过 1 200 元，比普通异育银鲫鱼苗培育亩产高 400 元左右。""试验结果表明，无论出塘规格和出塘数量，异育银鲫'中科 3 号'均高于普通异育银鲫。尤其在鱼病流行季节，异育银鲫'中科 3 号'未发现孢子虫病，而普通异育银鲫在 7 月孢子虫发病严重，病死鱼较多。体现了异育银鲫'中科 3 号'具有生长快、孢子虫等病害少、成活率高等新品种优势，较普通异育银鲫养殖具有更高的经济价值。"（丁文岭等，2013）

福建三明市三元区水产技术推广站于 2010—2011 年进行了池塘主养异育银鲫"中科 3 号"养殖试验示范，获得高产高效的经济效益。他们评价："选择市场需求量大，投放规格大，生长速度快，销售价格高的主养品种

---

* 亩为非法定计量单位，1 亩 ≈ 666.67 平方米。

'中科3号',是本次试验取得高产高效的关键点。"(刘维水,2012)

吉林省水产科学研究院进行了异育银鲫"中科3号"池塘土养和套养试验,试验结果表明:在以下的三种养殖模式中,主养异育银鲫"中科3号"模式利润最高,为1 347元/亩,其次是主养草鱼模式,利润1 315.5元/亩,再次是主养鲤鱼模式,利润1 044.8元/亩;主养异育银鲫"中科3号"和主养草鱼的亩利润几乎相同,但投资回报率(利润与成本之比)相差甚远,前者为47.9%,后者为21.8%,主养鲤鱼模式为19.7%。因此本试验主养异育银鲫"中科3号"为最佳养殖模式(祖岫杰等,2010)。

安徽省农业科学院水产研究所于2008—2012年从中国科学院水生生物研究所异育银鲫"中科3号"繁育基地—黄石市富尔水产苗种有限公司共引进夏花50万尾。同时在成功培育异育银鲫"中科3号"亲本的基础上实现了苗种繁殖。引进苗种和繁育苗种分别投放在东至县黄泥湖渔场、芜湖县陶辛镇时勇水产养殖基地、当涂县马桥镇绿野水产养殖公司进行池塘套养试验示范,累计投放约30 000亩,放养密度为500尾/亩,捕捞平均产量96千克/亩,比原来养殖鲫鱼单产提高53.6%,亩新增经济效益495元,投入产出比为1:2.6。异育银鲫"中科3号"具有生长快,抗逆性强,目前安徽省广大养殖户对引进异育银鲫"中科3号"鱼种进行池塘养殖的积极性较高。

江西省水产技术推广站共引进异育银鲫"中科3号"苗种1 200万尾,分别在永修县、新干县、进贤县、抚州市和都昌县等示范区进行推广示范养殖,主要采取主养异育银鲫"中科3号"套养鲢鳙和草鱼等养殖模式,出塘规格平均420克/尾,成活率85%以上,平均亩产约765千克,亩均利润2 276元,达到高产高效目的。整个养殖过程中,异育银鲫"中科3号"未发现孢子虫病,其他病害也少,体现了异育银鲫"中科3号"具有生长快、抗病率强、成活率高等新品种的优势,是适宜在江西地区推广的异育银鲫新品种,异育

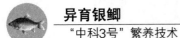

银鲫"中科3号"新品种在江西地区的成功示范大大带动了江西省广大养殖户对鲫鱼养殖的积极性，并取得了巨大的经济和社会效益（银旭红等，2012）。

此外，异育银鲫"中科3号"价格优势也很明显，据农业部现代农业产业技术体系2011年第21期经济信息和研究简报统计，异育银鲫"中科3号"比其他鲫鱼售价高出17.9%；农业部现代农业产业技术体系2011年第24期经济信息和研究简报统计，异育银鲫"中科3号"比其他鲫鱼售价高出30.5%。

第二章
异育银鲫"中科3号"苗种繁育

优良的水产种质资源，是水产养殖业结构调整和水产业持续健康发展的首要物质基础，培育良种水产苗种是水产养殖业可持续发展的重要保障。异育银鲫"中科3号"是经过长期选育而来的鲫鱼新品种，与其他异育银鲫一样，该新品种仍然保持了两性生殖和雌核生殖的双重生殖方式。当银鲫的卵子用异源精子（如兴国红鲤）与银鲫的卵子受精时，采用的是异精雌核发育的生殖方式，可获得与其母本性状基本相同的后代，而且这些后代基本都是雌的；当用同源的精子（即银鲫雄鱼）与银鲫受精时，采用的则是绝大多数动物采用的生殖方式（即两性生殖方式），获得的是性状分化的后代，在这些后代中有15%~25%的雄性个体和不育个体。在实际的养殖实践中，发现采用两性生殖方式获得的后代的孵化率和出苗率都要低于采用异精雌核发育方式获得的后代，而且采用两性生殖方式获得的后代性状发生了分化，雄性或不育的个体普遍生长缓慢，从而会大大导致产量的降低。因此异育银鲫"中科3号"苗种繁殖采用异精刺激雌核生殖的方式，从而保证优良性状的稳定遗传。异育银鲫"中科3号"苗种繁育技术主要包括亲本培育、人工繁殖和苗种培育等环节（图2.1）。

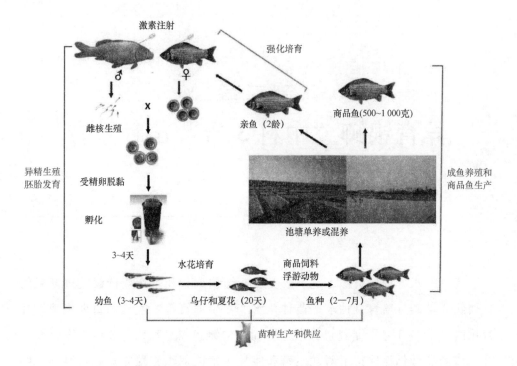

图 2.1　异育银鲫"中科 3 号"苗种繁育、亲本培育和商品鱼养殖模式

第一节　亲鱼培育技术

异育银鲫"中科 3 号"亲鱼的培育是开展苗种人工繁殖的基础。优良的异育银鲫"中科 3 号"亲本表现为性腺发育充分成熟、怀卵量大、卵子质量好和受精率高，并且在后期苗种培育的过程中成活率高。因此必须采取各种有效措施，创造良好的养殖环境，采用合理的投喂模式，并加上操作性强的培育管理，才能培育出优良异育银鲫"中科 3 号"亲本。

一、亲鱼养殖池的条件要求

亲鱼养殖池是异育银鲫"中科3号"赖以生存的环境，对于亲本培育十分重要，在实际养殖中都有一定的设计标准。亲鱼养殖池一般要求进排水系统独立完善，池塘四周开阔，向阳通风，环境安静，并且最好能够靠近产卵池和繁育车间，以便亲鱼转运和其他繁殖操作（图2.2）。随着养殖设施的不断创新完善，比如微孔增氧设施，逐渐被应用到亲鱼养殖池中，很好地改善优化了养殖环境（常淑芳等，2014）。亲鱼养殖池面积不宜过大，这会增加管理和捕捞难度，尤其是在人工繁殖前，面积过大会增加拉网捕捞次数。因此亲本池的大小一般根据繁育设施的规模，也就是一次能够做完繁殖孵化的数量而定。一般情况下，一个亲本养殖池中的亲本一次全部进行催产繁殖。拉网捕捞次数过多，会使晚催产亲鱼的性腺退化，影响催产效果。在实际生产中，随着拉网次数的增加，产卵率明显下降，经过三次拉网捕获的异育银鲫"中科3号"亲鱼，其催产后产卵率急剧下降到50%以下，以后拉网捕获的亲鱼，催产后产卵率更低。更严重的是，已经发育成熟的亲本经多次拉网捕捞会导致流产（桂建芳等，2003）。还有必须注意的是，亲鱼养殖池在亲鱼成

图2.2　亲鱼养殖池塘

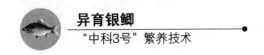

熟之前需要清理池塘周边的水草，避免水温突然升高而导致亲本的流产。

二、亲鱼的放养

异育银鲫"中科3号"亲鱼养殖与商品鱼成鱼养殖追求产量和产值目标不同，一般要求养殖密度较小，母本每亩放养总量在400~500尾，且不能与其他底层鱼类混养，以保证在强化培育过程中具有更好的养殖环境，从而培育获得优质的异育银鲫"中科3号"亲本。多年养殖中还发现，在异育银鲫"中科3号"群体中存在一定比例的雄鱼，与其他银鲫品系雄鱼不同的是，同一批繁育长成的雌雄鱼个体之间没有明显的生长能力和形态差异，因此需要严格区分雌雄鱼，严防异育银鲫"中科3号"雄鱼混入银鲫亲鱼池中，同时也必须清除其他野杂鱼雄鱼，以免在人工繁殖前由于气温回升较快，异育银鲫"中科3号"母本由于受到雄鱼的追逐刺激而流产。繁殖用兴国红鲤父本也应在冬季严格筛选进行专池培育，大小规格0.5~1.5千克兴国红鲤以每亩放养500尾左右为宜。同时适当搭配放养少量鲢、鳙鱼调节亲本养殖池水质条件，促进亲本性腺的正常发育。

三、亲鱼的培育管理

亲鱼培育管理主要包括投喂和水质管理。在实际养殖中，异育银鲫"中科3号"亲本培育一般使用30%左右的鲫鱼人工颗粒饲料，不同大小规格的异育银鲫"中科3号"对鲫鱼专用饲料有不同的需求，同时不同季节水温的差异对饲料投喂也有不同的要求，一般水温越低，投喂量就越少。

在亲鱼培育中，秋季培育亲鱼十分重要。秋季是亲鱼肥育和性腺开始发育的季节，因此是亲鱼培育的关键时期，直接影响异育银鲫"中科3号"亲鱼的怀卵量，同时也对亲鱼的越冬和次年春季的性腺发育具有十分重要的作用。一般可按培育池放养银鲫体重总量的3%投喂饲料。

初冬时期经严格筛选的后备亲本按照合适的养殖密度放养到亲本养殖池，此时亲鱼仍然能少量摄食，在体内累积脂肪。随着水温逐渐下降，亲鱼摄食量也显著降低，日投喂量也相应适当减少。异育银鲫"中科3号"在3℃以上就能进食，因此需要根据水温变化，日投喂量控制在1%以下。

开春之后是亲鱼人工繁殖的强化培育，是性腺发育的最关键时期，在这阶段，亲鱼的摄食量将随着水温上升而日趋旺盛，可按培育池放养银鲫体重总量的3%~5%投喂饲料，促进性腺更好发育，促使亲鱼体内营养成分大量转移到卵巢和精巢发育上。

为了保证异育银鲫"中科3号"亲本的正常生长发育，水质条件也很重要。养殖池塘的水透明度保持在40~60厘米，溶解氧4毫克/升以上，其他理化指标也满足基本要求。春季随着温度的升高，定期适当加注新水，这对于性腺的发育具有很好的促进作用。亲本性腺成熟催产前半个月左右开始就不能再加注新水，以防亲本流产。

第二节　苗种繁殖

异育银鲫"中科3号"规模化苗种繁育是该新品种推广养殖和产业化的前提条件。异育银鲫"中科3号"与异育银鲫、彭泽鲫和方正银鲫等其他银鲫品种相同，都是采取异精雌核生殖的方式进行苗种繁殖，从而达到保持品种优良性状的目的。规模化苗种繁殖一般采取人工繁殖方法进行（赛青云等，2013；李秀颖等，2013；潘彬斌等，2014；祖岫杰等，2014），也有部分苗种场采取半人工繁殖方法（丁文岭等，2012；黄仁国等，2012）。苗种繁殖关键技术涉及催产季节选择、亲本选择、人工催产、人工授精和苗种孵化等（桂建芳，2011）。

一、催产季节选择

异育银鲫"中科 3 号"亲本的产卵时间，除取决于亲鱼自身的性腺发育成熟度外，还与水温、天气有着密切关系，一般在水温 18℃ 左右开始自然繁殖。当亲鱼达到性成熟和气温比较稳定时，应抓住时机进行人工催产。一般情况下，在长江中下游地区，通常水温达到 16℃ 以上时，即可进行人工催产，18～22℃ 为最适催产水温（桂建芳等，2003）。薛凌展等（2014）通过研究温度对异育银鲫"中科 3 号"胚胎繁育的影响，认为水温对异育银鲫"中科 3 号"胚胎发育的影响显著，适宜温度为 20～26℃。当水温较低时胚胎发育速度缓慢，这是因为低温降低了胚胎发育过程中孵化酶的活性，继而抑制了相关代谢活动，影响胚胎发育的速度。高温孵化环境下，胚胎的发育速度加快，缩短了孵化周期，但是高温环境容易导致孵化酶以及细胞膜上相关酶失活，进而改变了受精卵细胞膜的渗透性，使得卵裂过程或器官分化过程出现紊乱，胚胎出现畸形、滞育或者死亡现象的概率大大增加。在我国南方地区，因为冬天温度较高，性腺成熟较早，一般一年可以进行两次人工繁殖。繁殖试验表明，在最适温度范围内催产，效应时间一般为 10～14 小时，雌鱼产卵顺利，极少发生不产或者长时间推迟产卵，一般发情后 2～4 小时产卵结束，催产率 90% 以上，而且卵子的受精率在 95% 以上。在实际生产过程中亲本流产时有发生，如在长江中下游地区，经常会在 3 月中下旬出现连续几天的突然升温，会导致亲本的流产。因此为了保证鲫鱼的充分成熟并避免流产现象发生，亲本养殖池塘的水深需要保持在 2 米以上，这样不会因为短暂的升温导致水温的快速变化。同时还需要注意的是，在进行繁殖前，一定需要关注气温的稳定性，尤其是在苗种出膜前是否有突然的降温发生。温度过低会导致胚胎发育停止而死亡，严重影响出苗率。

二、亲本选择

选择经过较低密度养殖并经过短期强化培育的成熟异育银鲫"中科 3 号"亲本作为苗种繁育材料。异育银鲫"中科 3 号"亲鱼的选择一定要注意品系的纯度。一般情况下需要通过形态学鉴定，必要时需要利用异育银鲫"中科 3 号"特异的分子标记进行精确鉴定，确保不能混有其他银鲫品系的亲鱼。在冬季起鱼分塘时挑选 250 克以上的 1 龄或 2 龄的异育银鲫"中科 3 号"个体作母本。要求所选亲鱼体格健壮，体型优良，无疾病，无畸形，鳞片完整，体色鲜亮。开始繁殖之前需要确认异育银鲫"中科 3 号"亲本的成熟程度，一般通过抚摸腹部和观察生殖孔的颜色来判断异育银鲫"中科 3 号"的成熟情况。成熟异育银鲫"中科 3 号"亲本一般腹部柔软，膨大，卵巢轮廓清晰，生殖孔白色偏微红，而生殖孔很红的亲本已经自行流产，应该剔除掉不再进行人工繁殖。如需要更加准确地鉴别异育银鲫亲鱼的成熟度，可采用挖卵器挖卵检查。将挖卵器缓缓插入生殖孔内，然后向左或右偏少许，旋转几下轻轻抽出，即可取出少量卵粒。在取出的卵中加入少量固定透明液，浸泡 2~3 分钟后通过观察卵核位置判断异育银鲫"中科 3 号"卵子的成熟程度。若全部或大部分卵粒的核位偏心或极化，则表明亲鱼成熟度好，可以马上进行催产繁殖；如白色的细胞核居中央位置，则该亲鱼性成熟差，还需进一步培育成熟；若大部分卵粒无白色的核出现，则多为退化卵，不适合再进行繁殖，应该剔除掉（桂建芳等，2003）。

作为繁殖用的父本，一般采用来自江西的兴国红鲤及其在池塘中繁衍的后代，也可以是其他性腺发育成熟的鲤鱼品系。要求年龄 2 龄以上，体重 500~1 500 克，个体健壮的纯系品种。成熟的红鲤亲本一般在胸鳍、腹鳍和鳃盖有明显的"追星"，生殖孔略凹下，轻压腹部时，有乳白色稠状精液流出，表明雄鱼成熟度较好（图 2.3）。

图 2.3　亲本选择

三、人工繁殖

1. 催产剂的选择和配制

亲本产卵的同步性是实现规模化苗种繁育的基础，在实际苗种生产过程中，一般通过注射催产剂实现亲本产卵的同步性。异育银鲫"中科3号"与其他大宗淡水养殖鱼类相同的是，在天然环境中能够发育成熟并会在雄鱼的刺激下自行排卵，但是不同个体产卵时间存在差异，注射催产激素很好地解决了这个问题。异育银鲫"中科3号"催产用激素与鲤鱼和"四大家鱼"类似，只是在剂量上略有差异。通常，异育银鲫"中科3号"催情产卵通过人工注射丙酮干燥的鲤鱼脑垂体（PG）、人绒毛膜促性腺激素（HCG）和促排卵素（LRH）等多种激素的混合液。异育银鲫"中科3号"母本的常用有效剂量为：1毫克/千克的PG，300～500国际单位的HCG，1.0～2.0微克/千克的LRH。兴国红鲤父本剂量一般为母本剂量的1/2。催产剂溶解液体为0.8%生理盐水，鲤鱼脑垂体很难溶解于生理盐水，需要先在研钵中研磨精细成粉末，再加入少许生理盐水继续研成浆液。HCG和LRH易溶于生理盐水，直接溶解即可。催产剂在配制过程中需要注意其工作浓度，方便于注射操作，一般0.5千克的亲本注射1毫升的混合催产剂。

异育银鲫"中科3号"亲鱼催产剂注射可以采用一次注射方式和二次注射方式。一次注射是按照剂量要求，同时把全部剂量注射入异育银鲫"中科3号"母本和兴国红鲤父本。二次注射即先注射母本全剂量的1/10～1/5，余下的第二次全部注入鱼体内，两次注射的间隔时间6～12小时，父本兴国红鲤仍采用一次注射，即在雌鱼进行第二针注射时，一起注射雄鱼。为了减小注射对异育银鲫"中科3号"亲本的伤害，目前繁育单位一般采用一次注射方法，繁育实践证明，只要异育银鲫"中科3号"亲本成熟度好，两种注射方式的催产率和受精率没有差异。

异育银鲫"中科3号"催产剂的注射时间应根据效应时间和计划产卵受精时间来决定。亲鱼经催产后，经过一定时间，就会出现发情现象，这段时间称为效应时间。效应时间的长短主要受水温、催产剂种类以及亲鱼成熟度的影响。水温高，效应时间短；亲鱼成熟度高，效益时间短；使用HCG的效应时间要比LRH短3～4小时。多年的实践表明，注射1毫克/千克的PG，300～500国际单位的HCG和1.0～2.0微克/千克的LRH混合催产剂的效应时间为10～14小时，因此为了第二天人工繁殖操作方便，一般采用一针注射

方式，即在前一天晚上 20：00 左右进行催产剂注射。

催产剂的注射一般两人合作完成。一人负责固定亲鱼，一般要求亲本头朝前，腹部朝上摆好。另一人进行注射，将注射器针头指向头的方向，注射器与鱼体成 30°左右，在胸鳍基中无鳞的凹陷部位进针，采用体腔注射方法，入针深度要根据异育银鲫"中科 3 号"亲本的大小而定，一般为 0.2～0.3 厘米。同时还需要注意的是，完成注射过程要迅速，尽量缩短亲本的离水时间，减小对亲本的伤害。

异育银鲫"中科 3 号"母本和兴国红鲤父本经注射催产剂后，分别暂养在不同的产卵池中，尤其应注意的是，每一个产卵池中暂养的异育银鲫"中科 3 号"亲鱼不宜过多，过多会因为缺氧而导致亲本不能正常产卵。通常在效应时间到达前 1～2 个小时左右就应注意亲鱼是否发情，观察异育银鲫"中科 3 号"的游动情况以及产卵池边有没有卵子。如有卵子发现，立刻检查亲鱼是否开始排卵。检查一般在水中进行，即将亲鱼在水中腹部朝上，轻压腹部两侧，如亲鱼已排卵则会发现卵子从生殖孔中缓缓流出，此时应立即将已排卵的亲鱼捞出进行人工授精。对未排卵的亲鱼，则留于原产卵池中或网箱中继续观察直至开始排卵。在苗种繁殖过程中，异育银鲫"中科 3 号"亲鱼的成熟度存在个体差异，另外受水温的影响等原因，效应时间将会发生变化，尤其是需要注意少数个体效应时间的提前。卵子过熟将会降低异育银鲫"中科 3 号"受精率和孵化率，所以及时检查母本亲鱼是否排卵十分重要。

2. 人工授精

人工授精是在亲鱼发情高潮将要产卵时，进行采卵、采精，使成熟的精、卵在合适的容器内完成授精作用以获得受精卵。相对于自然产卵受精方式，人工授精过程在可控的人工条件下进行，可以实现有计划的大规模苗种繁育。因此异育银鲫"中科 3 号"在实践生产中一般采用人工授精的方法进行苗种繁殖。

发育成熟的精子和卵子是人工繁殖成功的基础，两者具有不同的生物学特征。因此，在人工授精操作过程中需要根据其特性，采取最适的采卵和采精操作方式。异育银鲫"中科3号"卵子成熟时，滤泡膜破裂，开始排卵，卵子进入卵巢腔内，游离于卵巢液中。此时成熟卵子不再有营养物质的能量提供，经过1~2小时后卵子就会过熟，受精能力明显下降，甚至失去受精能力。兴国红鲤雄鱼精巢发育成熟后，精巢和输精管中含有大量的液体，即为精液。精液对于精子具有营养和利于输送的作用。精液中的各种氨基酸和矿物质与精子的运动和寿命密切相关。精子在精液中是不活动的，但是精液遇水后，精子就被激活，开始剧烈运动，很快就会死亡。但是储存在精巢中的成熟精子在短期内的活力基本没有变化。因此，在生产过程中，成熟兴国红鲤的精液在采集异育银鲫"中科3号"卵子后马上采集，不需要提前采精。鉴于卵子和精子的不同的生物学特征，准确把握采卵时机是人工授精成功的关键。首先保证采集的卵子和精子成熟度合适。同时还需要注意准确的人工授精方法。在受精过程中尽量避免卵子和精子接触大量淡水，在淡水中保持正常受精的有效时间会缩短，超过30秒后，卵子因吸水膨胀，受精孔就会逐渐关闭而失去受精能力。精子在淡水中将被迅速激活，一般30秒后，绝大部分精子就会失去受精能力。再加之异育银鲫"中科3号"的卵是黏性卵，卵子遇水后迅速黏结成团块而造成卵子不能受精，都会造成人工授精率明显降低甚至受精失败。

人工授精的方法有干法授精、湿法授精和半干法授精。在苗种繁育实践中，异育银鲫"中科3号"人工授精用得最多的是干法授精，其次是半干法授精，湿法授精很少采用。

干法授精，即将成熟排卵的银鲫雌亲鱼和成熟的兴国红鲤雄亲鱼捕起，将雌鱼卵子挤入擦干的器皿中，同时挤入雄鱼的精液，用干羽毛轻轻均匀搅拌1~2分钟，加入少量生理盐水后再轻轻搅拌使卵受精（图2.4）。

图 2.4 异育银鲫"中科 3 号"干法人工授精

半干法授精，将雄鱼精液挤入或用吸管由肛门处吸取加入盛有适量 0.8%生理盐水的烧杯或小瓶中稀释，然后倒入盛有鱼卵的盆中搅拌均匀，最后加清水再搅拌 2～3 分钟使卵受精。

湿法授精，是将精、卵直接挤到水中，在水面下 17～30 厘米处放置鱼巢，边挤边搅动水体，使受精卵直接附着到鱼巢上。

异育银鲫"中科 3 号"是黏性卵子。因此，在孵化前必须脱其黏性。常用的脱黏剂有黄泥巴和滑石粉悬浮液等。将受精卵倒入脱黏剂悬浮液中，手工或者使用设备搅动 3 分钟，保证受精卵完全脱黏并且不成团，然后用筛绢滤出卵子，在水中漂洗 2～3 次后，放入孵化设施中流水孵化。有的苗种单位为了脱黏更彻底，需要重复一次。

在完成人工授精，孵化开始前必须初步统计受精卵的数量，以保证孵化设施中孵化时具有正常的孵化受精卵密度。孵化密度过大，可能会因为缺氧而导致受精率下降。受精卵数量计算一般采用重量法或者体积法，先统计单位体积或者重量的受精卵数量，然后乘以全部体积或者重量。

3. 孵化

异育银鲫"中科3号"受精卵经脱黏后成沉性卵，因此必须使用流水孵化，促使受精卵漂浮在水中而不至于沉底，但水流速度也不能过快，否则受精卵将受到伤害。在孵化期间，可以根据不同情况适当调整水流速度。孵化初期，为防止受精卵沉底结块，孵化缸水流速度和充气量可适当加大。到孵化后期开始出膜，为减少对鱼苗的伤害，适当减小流速和曝气量。当鱼苗出膜后，由于鱼的鳔和胸鳍未形成，不能自己游泳，此时要适当增大水的流速，以免鱼苗沉入水底而窒息死亡。当鱼苗胸鳍出现，能活泼游动时，喜欢顶水游泳，此时应减小水的流速，以防止鱼苗过度顶水消耗体力，影响鱼苗的质量。另外，未受精的卵粒和破膜后的受精卵膜在孵化网罩上会形成一层不透水的膜，导致孵化缸水位不断升高，影响缸内水流和充气，甚至导致缸内水位高于孵化设施而使受精卵溢出，因此在孵化过程中，须及时清除这些孵化过程产生的废弃物。

异育银鲫"中科3号"在七种大宗淡水鱼类中繁殖时间最早。该阶段气温变化大，而且容易受低温影响，非常容易引起水霉病的发生。如受精卵在孵化过程中发生水霉病，则需要用霉灵5克/米^{3}或"美婷"25毫克/升控制水霉病，早、中、晚各一次，时间间隔为5～6小时，用药过程中停止流水，开启鼓风机，用纳米管增氧，防止鱼卵沉底（祖岫杰等，2014）。

孵化设施是异育银鲫"中科3号"苗种孵化中最重要的设施，在多年的生产实践中已经发明创造了不同类型的孵化设施，目前常用的孵化设施有孵化环道、孵化桶和孵化槽等，根据受精卵的数量选择不同的孵化设备。

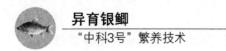

（1）孵化桶

孵化桶属于小型的孵化设施，一般情况下孵化密度为 100 万 ~ 150 万粒卵/米³，可以根据需求设计成不同直径大小的孵化桶。鱼苗孵化桶通常采用上大下小的漏斗状设计（图 2.5）。进水口在下面，一方面便于将可能粘连在一起的鱼卵冲散，另外还可以将高溶氧的水扩散，保证孵化过程中受精卵对溶氧的需求。进水口装有阀门以便于控制流量，以免流量过大对鱼卵造成冲击损伤，水量过小导致鱼卵沉底而缺氧死亡。出水口在上面，在内环上安装一个高于孵化缸顶部的滤网，防止鱼卵被冲出。锥形设计便于收集幼鱼鱼苗，减少收集幼鱼时对鱼苗造成的伤害。收集幼鱼的管道在孵化桶底部，可以与进水管道用三通与阀门进行控制。孵化桶的容量可以根据孵化鱼卵的数量决定。淮安天参农牧水产有限公司专门设计并申请了鱼类孵化器专利（专利编号：201320596555），该实用新型结构简单，表面光滑，避开传统孵化装置粗糙面、水流不匀有"死角"等弊端，提高鱼卵孵化率。

（2）孵化槽

相对于孵化桶，鱼类孵化槽属于中型孵化器，具备较大的孵化能力，适合孵化密度为 120 万 ~ 180 万粒卵/米³。孵化槽一般设计为长方形，其长度可根据生产规模和地面长短，灵活掌握，宽度 1 ~ 1.5 米，深约 1 米，底呈流线型或"U"字型。在长边底部每隔 8 ~ 10 厘米设喷水口 1 个，口长 5 厘米左右，宽 4 ~ 5 毫米，下接进水管，在喷口上 5 ~ 8 厘米处设略向内倾斜的滤水窗。滤水窗宽同孵化槽宽度，深直达槽口面。过滤窗架为杉木制成的木质框架，架上装上 50 目的乙纶胶丝布。在过滤窗后的槽墙壁上，每隔 15 厘米开直径 7 厘米左右的出水小洞 1 个，洞口离槽口 12 ~ 15 厘米。洞口外接入墙内暗沟中，沟宽 15 厘米，深 20 厘米（墙宽 25 厘米），暗沟汇集出水排出槽外。孵化槽内壁光滑，通水后水流上下呈流线型翻动，以消除死角。

图 2.5　鱼类孵化桶

（3）孵化环道

相对于孵化槽和孵化桶而言，孵化环道为大型孵化器，一般孵化密度为 80 万～120 万粒卵/米^3，适应于大规模工厂化生产需要。根据环道数量分为单环、双环和三环等。形状有椭圆形、方形和圆形，以椭圆形居多。孵化环道一般为钢筋混凝土或者砖混结构。分环道主体，过滤窗，进、排水系统和喷头四部分。环道主体内壁要求光滑，不伤及卵苗。环道过滤窗位于环道主体直线部位。为了最大限度扩大滤水面积，每环来、往直线部位的内、外壁都要装有过滤窗，并且每个过滤窗从口面直达底面。环道进、排水系统较为复杂。进水系统全部处于环道底部的基础内，排水系统处在基础内和墙内。进水总管与蓄水池相通，其管道大小依生产规模而定。

目前比较常见的孵化环道设施一般为纱窗过滤式孵化环道。其结构笨重，纱窗装卸麻烦。由于是单面过滤，滤面又小易造成环道中鱼卵分布不均，纱窗口附近鱼卵易发生挤压擦伤等情况，且较小的滤面也易被卵膜等杂质堵塞，发生溢水逃苗的现象，洗刷纱窗成了孵化管理中的主要工作，劳动强度较大。双滤面孵化环道是一种改进的孵化环道，该方法采用了环道内外两面过滤、且将原来采用的纱窗式过滤改为全纱面式过滤。这样，通过调节环道内外滤面的排水量，就能调整环道内外渗透压，使环道中的鱼卵尽可能分布均匀，从而增加环道的载卵量。而且，由于过滤面的大大增加，使得环道中的水环境得到较大改善，孵化率也就有了一定提高（图2.6）。

图 2.6　异育银鲫"中科 3 号"孵化环道

四、半人工繁殖

异育银鲫"中科 3 号"半人工繁殖也是一种规模化苗种繁育技术，在操作上与全人工授精相比有较大的不同，即注射催产剂后不需要人工采卵和采精，而是在产卵池中自然产卵和受精。自然产卵是将注射过催产剂的雌雄鱼共同放入一产卵池（丁文岭等，2012；黄仁国等，2012）。产卵池四周拉绳1～2 道，将扎有鱼巢的竹竿，每隔 1 米缚在绳上。产卵池安排专人值班，效应时间内保持循环微流水，并观察鱼的活动情况及产卵情况。当鱼巢上附着的卵粒较多时，应及时移出，再换鱼巢，以免卵粒重叠影响孵化。具体方法如下：

1. 鱼巢放置

产卵池经消毒注水后，将经消毒处理过的以柳树须根为主要材料的鱼巢扎成束，再将每束鱼巢扎到聚乙烯绳索上排成垄。每束鱼巢间隔 20 厘米，每行长 5～10 米，设置在产卵池中离岸线 50～100 厘米处水面下。每一垄鱼巢两端用毛竹插入池底固定。鱼巢的放置量按每尾异育银鲫"中科 3 号"5～6 束配置。

2. 激素人工催产

水温达到 17～18℃时，如发现有少量的异育银鲫"中科 3 号"亲鱼发情时，降低池塘水位，拉网将全部亲鱼捕捞集中在池塘网箱中，对亲鱼进行催产激素的注射。异育银鲫"中科 3 号"母本按 1 毫克/千克的 PG，300～500 国际单位的 HCG，1.0～2.0 微克/千克的 LRH 的剂量注射。兴国红鲤父本按一半剂量注射。按照一次注射的方式进行。注射催产激素后的亲鱼放入同一个产卵池塘中。

3. 产卵和自然受精

催产后的异育银鲫"中科 3 号"母本和兴国红鲤父本，经大约 15～20 小时的效应期，雄鱼开始追逐雌鱼，在鱼巢边交配并产卵与排精。受精卵黏附在鱼巢上。当鱼巢上每平方厘米达 10 粒鱼卵时，把鱼巢取出及时移入鱼苗培育池中孵化，同时再放入新鱼巢。亲鱼产卵结束后把所有鱼巢移到孵化池中。

4. 孵化

孵化池即鱼苗培育池，在布放黏附受精卵鱼巢前 10～15 天，需要对鱼苗培育池进行消毒工作（一般用生石灰或漂白粉消毒）。消毒后注水 70～80 厘米。进水口用双层网过滤，以防野杂鱼虾入池。每亩施经发酵腐熟的有机肥500～800 千克，培育池水中的轮虫、枝角类和桡足类等天然饵料。受精卵经

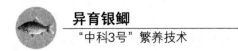

5~7天孵化，鱼苗破膜而出。鱼苗出膜后的3~4天内附在鱼巢上，不能水平游动，以卵黄囊的卵黄作为营养物质。以后卵黄囊逐渐缩小，鱼体内肠管形成，一面吸收卵黄为营养，一面摄食水体中的小型浮游动物，鱼苗游泳活泼，此时将鱼巢取出。

第三节　夏花苗种培育

异育银鲫"中科3号"受精卵一般3~4天出膜。刚孵出的鱼苗身体非常微小，全长约5~6毫米，鳍条分化不全，活动能力差，不能水平游动。器官功能还在发育完善之中，不能自行摄食，完全依靠自身的卵黄来提供营养物质，供其发育生长。随着鱼体的发育，卵黄囊逐渐缩小。3~4天后鱼苗开始水平游动，吸收自身卵黄营养的同时，开始主动摄食外界营养物质。此时应及时将鱼苗移出孵化设施，转移到育苗池暂养，投喂蛋黄。等到鳍条和鳞片形成以后即可发塘或运输销售，进入苗种培育阶段。夏花鱼种培育是异育银鲫"中科3号"苗种繁育过程中十分重要的关键步骤，把握好具体细节，夏花苗种成活率可以超过80%以上。如果没有把握好具体细节，夏花苗种成活率会大大降低，甚至全军覆没（李玮等，2010；桂建芳，2011；孙宝柱等，2013）。

一、苗种培育池条件

苗种培育池最好是长方形，且塘形整齐，交通便利，以便于拉网等后续操作。培育池（图2.7）面积一般也无特殊要求，一般以3亩左右为宜，池塘深度2米左右，在苗种培育期间可保持水深1.5米左右为宜。培育池底尽量平坦并略向排水方向倾斜，保证池水能自流排干。淤泥厚度适中，保证拉网捕获夏花苗种时有较高的起捕率。苗种培育池应有独立的进排水系统，使其进排水方便。水源水质条件好，符合渔业水质标准。阳光照射充足，有利于生物饵料的培养。为了能更好清除掉野杂鱼，进排水系统做了一些改进，如进水闸闸室设三道闸槽。外槽安装粗滤网，中槽安装挡水闸门，内槽安装锥形滤网。排水闸闸室设三道闸槽，由内向外安装防逃网、闸板和收鱼网，其中闸板安装了启闭装置。蓄水系统由泵站、进出水渠道组成。蓄水渠道与池塘相通，可以借助水位高差向池塘供水。进、出水渠道独立设置，进、出水口分别设于池塘两端。

图 2.7　苗种培育池

二、放苗前准备

1. 药物清塘消毒

清塘消毒是利用化学药物改变水质 pH 值或者释放强氧化剂来杀灭池水中的野杂鱼、敌害生物、鱼类的寄生虫和病原菌的有效措施，同时还起到改良水质和底质的作用。因此，清塘消毒对提高鱼苗、鱼种培育成活率及成鱼的生长，具有重要的促进作用。生石灰、漂白粉和氨水是养殖中常用的、且效果较好的药物，但消毒原理和方法有所不同。

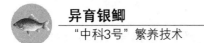

（1）生石灰清塘

生石灰是鱼类苗种培育、鱼种培育以及成鱼养殖过程中清塘时最常用药物。生石灰清塘方法有两种：一种是干池清塘，先将池水尽量放干或留水深5～10厘米，用生石灰50～75千克/亩；另一种是带水清塘，每亩平均水深1米，用生石灰120～150千克。通常将生石灰放入木桶或水缸中溶化后，立即全池遍洒。生石灰遇水后发生化学反应，能放出大量热能和碱，能在短时间内使池水的pH值提高到13以上，24小时后池水的pH值在11左右，可迅速清除野杂鱼虾、大型水生生物、寄生虫和细菌等。7～8天后药力消失后即可放水、放试水鱼。试水鱼安全检测通过后，即可放苗种。因水有硬度，生石灰会与镁等反应，带水清塘比干塘清塘防病效果更好，但生石灰用量较大，成本较高。用生石灰清塘，除了能迅速杀死野杂鱼，各种卵、水生昆虫，寄生虫和病原菌等，而且由于碱的游离，可发生中和反应，改善池底酸环境，使池塘呈微碱性，同时增加了钙的含量，为水生植物和动物提供了营养，起到了很好的肥塘作用，有利于浮游生物的繁殖，增加鱼类的生物饵料，为鱼类生长创造一个良好的环境，是理想的药物清塘方法。

（2）漂白粉清塘

漂白粉也是鱼塘清塘常用的药物。漂白粉含有30%的氯，遇水后能生成次氯酸和碱性氯化钙。次氯酸释放的初生态氧，有较强的杀菌和杀灭敌害生物的作用。漂白粉清塘消毒效果与生石灰相同，但肥水效果差。一般每立方米水用含有效氯30%的漂白粉20克，先用木桶加水将药溶解，立即全池均匀遍洒，4～5天后漂白粉药力消失后即可放鱼。漂白粉极易吸潮分解，放出的初生态氧易与金属起作用，因此漂白粉应密封放置在塑料袋或陶瓷容器内，并放在阴凉干燥处，防止失效。操作人员应戴口罩，并要在上风处泼洒，以防中毒，且应注意避免衣服沾染而被腐蚀。漂白粉清塘消毒具有药力消失快，用药量少，成本较生石灰消毒低，有利于池塘的周转等优点。缺点是没有使池塘增加肥效的作用。

（3）氨水清塘

相对于生石灰和漂白粉消毒，氨水清塘消毒使用较少。氨水清塘的方式是：将池塘水排干或留水 5～10 厘米，每亩使用氨水 12～13 千克，加适量水后均匀遍洒全池。过 4～5 天药力消失后即可放水养鱼。氨水是一种很好的液体氮肥，能使水的 pH 值发生显著变化，不仅有作为鱼池施放基肥的作用，又能杀灭野杂鱼类和起到杀菌灭虫的效果，有较好的防病作用。氨水清塘的优点是成本低，促使鱼成活率高，生长快，发病少。缺点是不能杀灭螺蛳，并且它易使池塘中水生植物大量繁殖，使苗种缺氧或缠绕死亡。

2. 饵料生物培养（发塘）

发塘是苗种培育中十分重要的环节，成功发塘将会为投放苗种早期提供足够的生物饵料，直接影响苗种培育的成活率。鱼塘消毒后在鱼苗下塘前 5～7 天注水，注水深度以 50～60 厘米为宜。苗种培育池水浅，易提高水温，节约肥料，也有利于浮游生物的繁殖，促进鱼苗摄食生长。注水后，立即在池塘施有机肥培育鱼苗适口的饵料生物，使鱼苗一下池就能吃到充足、适口的天然饵料。饵料生物培养方法如下：每亩使用已经发酵的鸡粪、猪粪等有机肥 100～150 千克，或亩施酵素菌生物渔肥 5～8 千克或渔肥精 3 千克，或者利用芽孢杆菌和渔用生物肥等，根据产品说明书用法及用量联合施肥。值得注意的是，有机肥一定要经过发酵，如果未经发酵的有机肥直接入塘，往往会造成缺氧导致鱼浮头。同时大量寄生虫、病原菌等病害生物的进入，也会导致鱼病的暴发（高宏伟等，2015）。沼液和沼渣也是鱼池肥水的材料，含有多种氨基酸和微量元素，是一种良好的饲料添加剂。利用沼液养鱼，可节约养殖成本，提高水产的生产性能。沼液对增加鱼塘浮游生物量，加强光合作用，增加产氧量，减少鱼病，节约化肥饵料等具有显著效果。相比正常培育方式可大大节省生产成本，增加生产效益（高宏伟等，2015）。施肥一般在晴天上午进行，水质以中等肥度为宜，水质透明度30厘米左右，水色为菜绿色。肥水期间，每天中午适当定时开启增氧机。发塘时间一般为一星期左右。肥水后逐渐提高水位。如果水温较高或施肥过早，池塘中易出现大型浮游动物，鱼苗不能摄食，且与鱼苗争食，不利于鱼苗的生长，此时应进行杀虫。用90%晶体敌百虫0.3～0.5克/米³稀释后全池遍洒，或用4.5%氯氰菊酯溶液0.02～0.03毫升/米³全池泼洒。

3. 鱼苗下塘

在池塘水体中轮虫量达到高峰时应及时下塘。池中轮虫达到高峰时，轮虫应达到5 000～10 000个/升水，生物量为20毫克/升水以上。值得注意的是，下塘前还需仔细巡查池塘内是否有清塘后短期内繁殖的大型枝角类和有害水生昆虫、蛙卵、蝌蚪等，如有发现必须再次清理干净。

异育银鲫"中科3号"苗种要选择腰点已长出、能够平游、体质健壮、游动迅速的鱼苗。未达到标准的鱼苗应剔除掉。异育银鲫"中科3号"鱼苗的放养密度一般为每亩放水花15万～20万尾左右。如池塘条件好，水源、饲料充足，有较好的饲养技术，每亩可适当提高至25万～30万尾。培育密度过大，成活率降低，生长相对越缓慢。这主要是因为密度越高，苗种个体所拥有的生存空间相对越小，苗种之间在饵料摄取和空间占有上的竞争就相对越激烈，从而导致了苗种在生长发育上表现出较大的差异，在竞争中体质较弱的个体就会被淘汰。放养密度过小，虽然成活率保持在较高水平，但是生产成本却相对增大。因此在实际生产中，为了既能提高苗种成活率，同时又能最大限度地节省成本，获取最大经济效益，放养密度要适中（高宏伟等，2015）。投放时间最好选择晴天上午10：00时左右，放苗地点为放苗池的上风头。将盛鱼苗的容器放入水中慢慢倾斜，让鱼苗自行游入池塘。如果从异地运输过来的苗种，要使袋中的水温与放养水体的水温一致，一般袋中水温与池水水温不能相差3℃。如有差异，尼龙袋放在池水中时间稍长些，然后再将袋口解开，使鱼苗慢慢地随着水流流入池中（图2.8）。

图2.8　异育银鲫"中科3号"苗种水温平衡

4. 饲料投喂

异育银鲫"中科3号"苗种培育饲养方法与其他大宗淡水鱼类类似，一般采用豆浆饲养方法。近几年，多个饲料公司开展了异育银鲫"中科3号"专用饲料的研发，也开发了水花粉状料和破碎料，饲料投喂管理日趋正规化，操作性更强。

鱼苗下池的第二天就应投喂豆浆，采用"三边二满塘"投饲法，即早上8：00—9：00时和下午14：00—15：00时全池遍洒，中午沿边洒一次。用量为每天每10万尾鱼苗投喂2千克黄豆浆，并逐渐增加。一周后增加到4千克黄豆。10天后鱼苗个体全长达15毫米时，不能有效地摄食豆浆，需要投喂粉饲料（李玮等，2010）。也可以水花下塘第5天开始用水花粉状料泼洒投喂，饲料磷脂的含量达5%～7%。这种配方有利于细胞增殖，可促进鱼苗快速生长。投喂水花粉状料3～5天后，再将粉状料加水和好后，拍成饼，沿池塘边投喂。再过5～7天后，开始投喂破碎料。日投饲量应依据鱼类的生长状况、规格以及底质、水质和天气而定。养殖前期，日投饲量为鱼体重的5%～

10%。每天分 4 次投喂，投喂时间分别为 8：00 时、11：00 时、14：00 时和 17：00 时。具体投喂次数、时间和投喂量依据具体情况可有所变动（孙宝柱等，2013）。投饵坚持"四定"原则，即定时、定质、定量和定位。

5. 苗种培育池日常管理和水质调节

（1）巡塘监测

巡塘监测是异育银鲫"中科3号"苗种培育过程中十分重要的工作内容，一般每天巡塘 4 次，早上 1 次，中午一次，晚上两次。巡塘内容之一是观察鱼苗的游动情况和鱼苗生长情况。如发现鱼苗不正常游动情况，可能有疾病发生，必须及时采取相应解决措施。巡塘另外一个内容就是需要观察池水水色、水质变化情况。如鱼群呈浮头现象，应该及时注入新水。巡塘时，如发现蛙卵、蝌蚪等，应及时捞出。培育池中的杂草、脏物也应及时清除，保持池塘的卫生整洁。

（2）新水加注

在鱼苗饲养过程中，分期向鱼池中加注新水，是促进鱼苗生长、避免疾病发生以及提高成活率的有效措施。鱼苗下池 5 ~ 7 天即可加注新水，以后每隔 4 ~ 5 天加水一次，每次加水 10 ~ 15 厘米。到鱼苗出塘时，应已加水 3 ~ 4 次，使池水深度达 1 ~ 1.2 米。

（3）水质调节

养殖鲫鱼理想的水色是由绿藻或硅藻所形成的黄绿色或黄褐色。在养殖过程中可以适当施用微生态制剂。养殖中、后期可适量换水（也可不换水）及施用一定量的生石灰，以控制水色和 pH 值。

透明度是池塘水中理化因子的综合反映，与水中浮游生物种类的密度有关。池塘透明度指标：前期 30 ~ 40 厘米、中期 30 厘米左右、后期保持在 20 厘米左右。若透明度小于 20 厘米时，应换水、泼洒生石灰。若透明度过大，追施微生态制剂和有机肥。水花下塘时如果水太肥，水中的氧气含量太高，鱼苗会因为吞食大量的氧气而导致气泡病。得病的鱼苗肠道内布满气泡，鱼苗因不能下潜而容易被太阳晒死或饿死。可以通过冲入新水或泼洒泥浆来治疗，或者用食盐化水全池泼洒，食盐用量为4~6千克/亩。

6. 炼网和捕捞

异育银鲫"中科3号"鱼苗放养后，经15天左右的饲养，一般可生长至20毫米左右，称为乌仔。经25天左右的饲养，生长至30毫米左右，称为夏花鱼种。此时苗种如果继续在培育池养殖，就会出现活动空间和饵料不足的情况，导致水质恶化，抑制鱼体生长，严重的话会导致疾病的发生，尤其是孢子虫病。因此，在乌仔和夏花鱼种阶段及时分塘至关重要。应根据实际情况决定分塘时机。如放养密度较大，或是鱼苗需要进行长途运输，一般在乌仔时分塘或销售；如放养密度正常，且不需长途运输，在夏花时分塘养殖则更为适宜。

无论乌仔或夏花鱼种出塘，均需进行拉网锻炼。简称炼网，一般需进行两次炼网。炼网选择晴天9：00—10：00时进行，并停止喂食。第一次炼网将鱼拉至一头围入网中，将鱼群集中，轻提网衣，使鱼群在半离水状态下密集一下，时间约10秒钟，再立即放回原池。间隔一天后进行第二次炼网。第二次炼网需将鱼群围拢后，纳入夏花捆箱内，密集2小时左右，然后放回原池（李玮等，2010）。异育银鲫"中科3号"苗种经过两次拉网锻炼后就可以出塘销售。如果出塘的鱼种要经过长途运输，则在两次密集锻炼之外，还要进行"吊水"。具体方法是将鱼放入长方形水泥池内的网箱中，暂养过夜即可启运（图2.9）。

捕捞乌仔和夏花苗种一般使用不同的网。捕捞乌仔用20目的筛绢网做成的大网。捕捞夏花用10目左右的筛绢网做成的大网。全池拉网捕捞后，将鱼种分别放入20目或10目筛绢网做成的10米×1米×1米的网箱，暂养过夜约10小时后，用重量过数出售。全长2厘米左右的乌仔为2万尾/千克，全

图 2.9　异育银鲫 "中科 3 号" 吊水网箱

长 3 厘米左右的夏花为 2 000～2 400 尾/千克。

7. 鱼苗、鱼种运输

异育银鲫 "中科 3 号" 苗种繁育基地基本都在长江流域以南地区，如湖北、江苏、湖南、四川以及广东、广西等地，而养殖区域基本覆盖全国各地。因此，鱼苗运输主要通过飞机和汽车运输。运输时间从几个小时到十几个小时不等，需要用尼龙袋充氧密封运输。主要方法如下：尼龙袋的原料为聚乙烯薄膜，规格一般为 30 厘米×70 厘米。为了保证氧气密封，一般用双层尼龙袋。尼龙袋盛水量为袋子总体积的 1/4～1/3，约 5～8 升水。装运水花鱼苗以每袋 10 万尾为宜，如运输时间较长，应酌情减少鱼苗装运数量。如装运乌仔，一般每袋装 5 000～10 000 尾为宜，夏花鱼种每袋装 1 000～3 000 尾为宜。鱼苗装运入袋时，将鱼苗连水通过大口漏斗倒入袋内，尽量排净空气，然后插入氧气管慢慢充氧，用橡皮筋或细绳带等将袋口扎紧，勿使漏气。尼龙袋放入纸箱内观察 20～30 分钟，确认无漏气和漏水情况发生，才能密封包装盒以便运输（桂建芳等，2003）（图 2.10）。

图 2.10　苗种包装和运输

第四节　鱼种培育

异育银鲫 "中科 3 号" 鱼种培育是指乌仔或夏花鱼种经分塘后继续饲养至大规格鱼种的过程。一般当年的夏花苗种可以培育成每尾 25～50 克左右,为第二年的成鱼养殖提供材料。在养殖过程中,异育银鲫苗种生长速度快,成活率高,生产者也经常将乌仔或夏花直接套入 "四大家鱼" 苗种培育池或成鱼池中,当年就可以养成大规格商品鱼出售。夏花苗种与水花苗种相比,在游动能力、摄食能力以及抵抗力上都有明显的提高。因此,鱼种培育与苗种培育关键技术略有不同。异育银鲫"中科 3 号"鱼种培育方式一般通过单养的方式进行，也有混养的方式（刘新轶等，2014）。

一、鱼种培育池条件

异育银鲫"中科 3 号"鱼种培育池的池塘条件要求与苗种培育池比较相似，但要求池塘面积更大，鱼池深度更深一些（图 2.11）。池塘一般以 3～5 亩为宜，如果水质和其他条件更好，培育池面积可以更大。池塘形状一般为东西向长方形，便于拉网操作，池塘水深 2～2.5 米；池底需平坦，为了异育银鲫"中科 3 号"捕获方便，池底可以适当倾斜；塘埂无渗漏，池底淤泥不超过 20 厘米；有独立的进、排水系统，水源丰富，水质良好，无污染；池塘四周无阻挡光线和遮风的高大树木和建筑物，以有良好的光照条件和风浪作用，有利于增加池水的溶解氧。池塘应配备增氧机，一般以每亩配置 0.75 千瓦功率叶轮式增氧机或微孔增氧系统等。

图 2.11 异育银鲫"中科 3 号"苗种培育池

二、夏花放养前准备

鱼种培育池与苗种培育池一样需进行清塘和肥塘。清塘方法也基本相同。一般选择生石灰或漂白粉采用干塘清塘的方法进行。清塘1周左右即可注水。注水时应用适当大小的筛绢包扎进水口，防止野杂鱼进入池塘。肥塘方法是在夏花鱼种放养前5~7天施用一定数量的有机肥，一般每亩施有机肥500~700千克，新开挖的鱼种池塘应适当增加施肥量。与苗种培育不同的是，鱼种培育池肥塘主要培育大量的大型浮游生物而不是小型浮游生物。鱼种培育池注水后，必须加强巡塘等管理，如发现蛙卵、蝌蚪等必须及时捞除。在夏花鱼种放养前，需用密眼网反复拖网，去除池塘中的敌害生物，然后才可放养夏花鱼种。

三、银鲫鱼种选择标准

夏花鱼种质量优劣直接关系到1龄鱼种的培育结果。因此，放养的夏花鱼种应选择体质健壮、游动能力强、无病害的大小规格均匀的个体。为达到夏花鱼种规格均匀，放养前可采用不同大小筛孔的鱼筛进行筛选。大、小鱼之间的抢食能力存在差异，长时间一起养殖就会导致个体差异更加明显，小规格夏花鱼种生长缓慢甚至停止生长，从而影响鱼体质量和产量。畸形和抵抗能力差的夏花鱼种也应严格剔除。下塘后由于这些夏花苗种对水体环境变化和病害抵抗能力较差，会影响到其成长和成活率。另外还要剔除掉在夏花苗种培育过程中混入的野杂鱼。

四、夏花苗种放养

鱼类发病的因素来自多个方面，如生物、化学、物理、机械等，而且在诊断和治疗上都比其他物种更有难度。因此，鱼病防治必须坚持防重于治的原则。夏花鱼种有可能在拉网过程中受伤，或者鱼种本身带有病菌。因此，夏花鱼种放养前进行药物消毒浸洗尤为重要。常用 20×10^{-6} 高锰酸钾浸洗夏花 10 分钟左右，或用食盐水 2% ~ 3% 浓度浸洗 3 ~ 5 分钟。夏花在高浓度药液里浸洗时间长短，应根据鱼体本身抵抗能力、规格大小、水温高低而灵活掌握。在操作过程中仔细观察鱼的动态，一旦发现鱼体挣扎不安或浮头时，应迅速连鱼带药液一并倒入鱼种培育池中。

放苗前一定要注意鱼苗运输袋中水温与养殖水体水温之间的差异，尽量使袋中的水温与放养水体的水温一致。一般袋中水温与池水水温不能相差 3℃，如有差异，先将运输袋放在池水中 30 分钟或更长时间，然后再将袋口解开，使苗慢慢地随着水流而流入池中。

夏花养殖密度也是影响鱼种培育成活率和生长的重要因素，需要综合考虑鱼种养殖池塘条件、培育技术、饲料和肥料情况、出塘规格要求等因素。一般每亩鱼种培育池放养 5 000 ~ 12 000 尾异育银鲫夏花鱼种。

五、饲料与投喂

饲料和投喂是异育银鲫"中科 3 号"鱼种培育过程中最重要的技术环节，贯穿于整个培育过程中，而且随着鱼体从夏花阶段到鱼种阶段对营养的需求都有不同。因此，合理的饲料和投喂技术是促进鱼体生长，提高鱼种培育质量和成活率的关键技术。异育银鲫"中科 3 号"投喂技术主要包括投饲率、投饲量、投饲方法和投饲次数四个方面（解绶启等，2010）。

①投饲率是指根据鲫鱼的存塘总重量而确定的投饲百分率，投饲率常常受鱼体规格及水温的影响，规格较小的鱼其投饲率大于规格较大的鱼，水温过高或过低都会使其摄食量下降甚至停止摄食。使用浮性颗粒饲料时，很容易观察到投饲饱食点，需要特别投喂浮性配合饲料；而使用沉性饲料时，就很难确定其饱食点。因此，投喂沉性颗粒饲料时，投饲率的调整应根据定期

取样测定鱼的平均体重，估算出鱼的总重，根据鱼体规格确定投饲率（表2.1）。

表 2.1　鲫鱼配合饲料投饲率及投饲次数参考（解绶启等，2010）

规格（克）	投饲率（%）	投饲次数（次/天）
3	5.60	3
5	4.80	3
10	3.6	3
20	3.47	3
30	3.30	3
40	3.10	3
50	3.00	3
60	2.79	3
70	2.60	3
80	2.70	3
100	1.26	3

水温（在50厘米深处测量）不同时，投饲量和投饲次数调整如下：小于15℃时，投饲率为1%，每天1次，每周投喂3天；16～19℃时，投饲量为测算饲料量的60%，1次/天；20～24℃时，投饲量为测算饲料量的80%，1～2次/天；25～30℃时，投饲量为测算饲料量的100%，2～3次/天；31～32℃时，投饲量为测算饲料量的80%，2次/天；大于33℃时，只在观察到鱼摄食时才投饲。

②投饲量是指单位池塘面积每天投喂给养殖鲫鱼的饲料数量。投饲量＝单位面积存塘量×投饲率，投饲量既要满足鱼生长的营养需求，又不能过量，过量投喂不仅造成饲料浪费，增加成本，且污染水质，影响鲫鱼的正常生长。鲫鱼投饲量因水温、溶氧和其他水质因子的变化应作适当调整。在实际计算

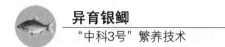

时，应根据目标产量及饲料系数先确定总投饲量，进行全年饲料的筹划；在确定饲料月分配计划的基础上，再按上旬少、中旬中等、下旬多的原则确定每日投饲量。

③投饲方法一般分为人工投喂和机械投喂两种。人工投喂需控制投喂速度。投喂时要掌握两头慢、中间快，即开始投喂时慢，当鱼绝大多数已集中抢食时快速投喂；当鱼摄食趋于缓和，大部分鱼几乎吃饱后要慢投。投喂时间一般不少于 30 分钟。机械投喂，即自动投饲机投喂，可以定时、定量、定位，并具有省时、省工等优点。但是，利用机械投饲机不易掌握摄食状态，不能灵活控制投喂量。

④投饲次数是指在特定时间投喂饲料的次数（频率）。投喂过频，饲料利用率低；投喂次数少，每次投喂量必然很大，饲料损失率也大。成鱼养殖一般每天投喂两次，8：00 时和 14：00 时各投喂 1 次。上午投喂量为总投饲量的 30%～40%，下午投喂 60%～70%；在鱼苗阶段投喂次数适当多些，鱼种次之。投饲方法分为定点投喂和分散投喂，投喂配合饲料一般采用定点投喂，即在固定食台上投喂。

六、水质调节与养殖管理

异育银鲫"中科 3 号"鱼种培育的养殖管理对于鱼种培育的成活率、生长以及抗病能力都有十分重要的影响，与夏花苗种培育一样，需要做好巡塘、水质调控和疾病防控等措施。

1. 巡塘与饲料投喂

夏花鱼种放养后，池水中天然饵料较丰富、池水溶解氧含量高，水温也比较合适，此时生长条件对鱼种早期生长极为有利，幼鱼生长非常快。养殖实践证明，该阶段夏花鱼种培育与后期的冬片鱼种出塘规格和产量的关系极为密切。因此，这一阶段的管理显得十分重要。巡塘时要关注养殖池塘的水透明度、鱼种摄食和活动情况，饲料投喂应掌握在半小时内吃完。

2. 水质管理

经过约 3 个月的饲养，到 8—9 月这一期间，鱼种相对增长率有所下降，但绝对增重是整个鱼种饲养期中最高的阶段，但这一阶段正值高温季节，池水溶解氧较低、水质易恶化。所以，在这一阶段需要认真做好饲料投喂，必要时适当减少饲料投喂量，以免水质恶化引发病害发生。水质管理措施首先要提高水位，使水深保持在 2 米以上，并经常加注新水，更换部分老水，以保持水质清新，溶氧正常，池水透明度应控制在 30 ~ 40 厘米。

3. 鱼病防控

异育银鲫 "中科 3 号" 病害防控坚持 "预防为主，防治结合" 的原则。具体措施是：经常保持池塘卫生，随时清除池边杂草和残渣余饵；在鱼病易发的 7—9 月高温季节，每月用内服、外用药物预防一次，可有效预防疾病的发生（薛凌展等，2011）；另外一般每 20 天左右进行一次严格的消毒工作，如向全池泼洒一次生石灰水，使池水终浓度达到 30 克/米^3；每半个月用漂白粉对食台、食场消毒一次，同时用 90% 晶体敌百虫 0.5×10^{-6} 泼洒（夏清文，2015）；当有鱼病发生时，在发病早期应及时进行病情诊断，针对性开展治疗。如病害情况严重，则必须立刻捞除病鱼，避免疾病的传播扩大。

4. 增氧设备的合理使用

增氧设备是异育银鲫 "中科 3 号" 养殖过程中必需的养殖设施。在整个养殖过程中，经常会出现鱼种因池水缺氧而发生浮头甚至死亡事故。然而在实际养殖生产中，增氧机使用存在误区，认为增氧机只是用来预防浮头。实际上增氧机可综合利用物理、化学和生物等功能，除了解决池塘养殖中因为缺氧而产生的鱼浮头的问题，而且可以消除有害气体，促进水体对流交换，改善水质条件，降低饲料系数，提高鱼池活性和初级生产率，从而可提高放

养密度，增加异育银鲫"中科3号"的摄食强度，增强鱼体抵抗力，促进生长，使亩产大幅度提高，充分达到养殖增收的目的。

微孔增氧技术也是近几年发展起来的增氧技术，已经被应用到异育银鲫"中科3号"养殖过程中。每亩鱼种培育池塘可配备1台2.2千瓦罗茨鼓风机，每口池塘放置30个增氧盘。微孔增氧设备一般6月下旬开始使用，鱼负载量在300千克/亩左右时，每天开启4小时，中午开启两小时，凌晨2：00—4：00时开启两小时。鱼负载量在400千克/亩左右时，每天开启8小时，中午开启3小时，23：00时至次日4：00时开启5小时。鱼负载量在500千克/亩以上时，每天24小时连续开启（常淑芳等，2014）。

七、并塘和越冬

夏花鱼种经过4~6个月的养殖，已经长成50克左右的冬片鱼种，加上此时天气明显下降，水温降至10℃左右时，异育银鲫"中科3号"的摄食活动很少，此时需要进行并塘，即将夏花鱼种池中的鱼种全部捕捞出来，并按照大小规格分开，作为冬片鱼种，用于第二年的商品成鱼养殖。放养密度一般每亩放养3万~5万尾，集中放养在池水较深的池塘内越冬。将夏花鱼种池腾空清塘，可以继续用于第二年夏花苗种培育或成鱼养殖。在并塘操作过程中，尽量降低水位，甚至基本排干池水捕鱼。操作细致小心，以免碰伤鱼体，防止水霉病的发生。

异育银鲫"中科3号"是较耐低温和耐低氧的养殖品种。因此，在长江以南的各种水体中，越冬基本不需要采取额外的措施，只需要集中放养在池水较深的池塘内就可以安全越冬。在越冬过程中，如有温度上升，也可以投喂少量的饲料，对鱼种的越冬有很大的帮助。

而在我国北方寒冷地区，冬季有很长的结冰时间。因此，需要准备越冬措施保证异育银鲫"中科3号"安全越冬（赵金奎，2000）

1. 增氧操作管理技术

池塘结冰后，鱼池内溶氧唯一来源是浮游植物光合作用，水体含氧量与浮游植物的种类、数量等密切相关。为了满足浮游植物对营养元素的需要，增加浮游植物生物量，从而达到增强光合作用，增加溶氧之目的，通常采取化肥挂袋法。每年12月底或1月初，每亩水面挂袋2~3个，每袋装尿素3~3.5千克。化肥袋用40~60目筛绢或白色塑料编织袋制成。化肥袋悬于水面下，化肥袋分布要均匀，布局要合理。7~10天后，池水溶氧含量可以达到5~11毫克/升。

2. 清除积雪

池塘冰面积雪，水中缺少光照，浮游植物光合作用减弱，减少了溶氧来源。当水中贮备氧降低到不能满足鱼类生理上最低需要的量时，鱼类便窒息死亡。因此，需尽快清除冰上积雪，让光线透过冰层。清除积雪时，每隔1米，扫出一条宽2米的通道，尤其是挂化肥袋的区域，一定要清除干净。

3. 坚持巡塘、及时采取补救措施

冬季水体水温上低下高，出现逆分层现象，鱼类滞留底层。冰层较厚时，无法透过冰层观察到鱼类活动。事实上，冬季溶氧下降速度比较慢，不会如夏季变化突然，而是逐渐来临的。因此，坚持每天清晨巡塘。若冰层不厚，可透过冰层仔细观察冰层下鱼类活动情况。若冰层较厚，则应在冰层上开孔。通过孔口，观察鱼情。发现问题及时采取措施。巡塘时要特别注意观察池塘四周，尽快发现缺氧迹象。有条件的养殖场可以定期测定溶氧含量，提供准确数据。一般补救措施有注入地下水、迅速冲开部分冰层，安装潜水泵循环池水，开动增氧机等。

第三章
异育银鲫"中科3号"养殖模式

　　异育银鲫"中科3号"养殖一般通过两年养成大规格商品鱼，即第一年培育成冬片鱼种，第二年再养成商品鱼。也可以通过一年养成成鱼，即用当年繁殖出的异育银鲫"中科3号"鱼苗培育成夏花鱼种后，低密度养殖直接养成成鱼。因此，异育银鲫"中科3号"成鱼养殖是指将夏花或者冬片鱼种养成大规格商品鱼的过程，是池塘养鱼的最后一个生产环节，是养殖户获得经济效益的最重要阶段。

　　养殖模式是指在某一特定条件下，使养殖生产达到一定产量而采用的经济与技术相结合的规范化养殖方式。对于异育银鲫"中科3号"养殖模式来说，就是在不同养殖水体中异育银鲫"中科3号"搭配的养殖鱼类的种类、比例以及各种鱼类的密度。选择异育银鲫"中科3号"搭配的养殖鱼类时需要考虑这些鱼类的活动位置和食性差异。饲养鱼类，从其活动习性来看，可相对地分为上层鱼、中下层鱼和底层鱼三类。大宗淡水鱼类中鲢、鳙鱼是吃浮游生物的上层鱼类，草鱼和团头鲂为中层鱼类，青鱼、鲤鱼和鲫鱼为底层鱼。池塘中混养三种类型的鱼类就能够充分利用水层中的食料。另外食性也非常重要，不同种鱼之间存在着食物竞争，如同一种类型的鲤鱼与鲫鱼的食性相近，但是鲤鱼的摄食能力强于鲫鱼，所以在设计养殖模式时，如果一种主养鱼所占比例较大时，与其有食物竞争的另一种鱼投放数最好不要太大。鲢、鳙鱼主要吃浮游生物，可使水质清新，有利于异育银鲫"中科3号"的生长，是异育银鲫"中科3号"养殖中搭配养殖最常见的鱼类。

大宗淡水鱼类产业技术体系多个综合实验站、全国各级水产推广站以及多个大型养殖企业都开展了异育银鲫"中科3号"的养殖模式研究，尤其是适合不同地区养殖条件下的养殖模式研究。经初步反馈统计，异育银鲫"中科3号"表现出明显的生长优势，增产显著，目前已经成为最主要的鲫鱼养殖品种。从养殖模式来看，主养、套养和混养仍然是异育银鲫"中科3号"最常见的养殖模式。同时养殖单位还因地制宜建立了网箱养殖、"鱼－菜－菌"生态养殖、山塘成鱼池混养以及鱼种池套养、稻田养殖等养殖模式。

第一节　异育银鲫"中科3号"主养模式

异育银鲫"中科3号"主养模式是最主要的养殖模式。鉴于异育银鲫"中科3号"的生长优势，并借助目前各种先进的养殖设施和养殖技术，主养异育银鲫"中科3号"的养殖产量得到了大幅度提高，养殖亩产量超过1 000千克。主养模式的养殖密度一般以50克左右的鱼种3 000～5 000尾，夏花培育成鱼种一般以10 000尾左右。为了净化和调控水质，一般需要适当投放一定数量的鲢和鳙，投放密度为鲢400尾左右，鳙100尾左右。

一、成鱼养殖池塘清塘消毒

主养鲫鱼的成鱼养殖池塘面积一般比苗种培育池和鱼种培育池大，以10亩左右为宜。池塘深度更深，2.5米以上更好。池塘要求淤泥不易过多，厚度不超过10厘米，超过10厘米时必须清淤，有利于鲫鱼的捕捞。鱼种放养前一周采用生石灰清塘消毒，亩用量为100～150千克。消毒后2～3天、鱼

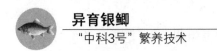

种放养前 7～10 天开始注水，注水时注意预防野杂鱼进入池内。养殖塘口应配备抽水泵、投饵机和增氧设备等养殖设施。

二、鱼种消毒

鱼种消毒是鱼种放养前十分重要的环节，可以杀死鱼体体表的寄生虫和有害微生物，也可以治疗因为捕捞、运输造成的鱼体伤害，很好地起到预防疾病的作用。鱼种消毒一般用食盐和漂白粉进行鱼体消毒。药浴浸泡消毒时间还要视天气和鱼种活动情况灵活掌握。具体方法是：①把鱼种放在合适的容器中，按 2% 浓度放入食盐，即每 100 千克水放 2 千克食盐，浸泡 10 分钟放入池塘。②漂白粉。把鱼种放在合适的容器中，按 10×10^{-6} 浓度放入漂白粉，即每 100 千克水放 1 克漂白粉，浸泡 10 分钟后放入池塘。

三、鱼种选择和放养

放养的异育银鲫"中科 3 号"鱼种应体质健壮，体形正常，体色光亮而规格整齐，鳞片无脱落和受伤，并且经过严格消毒。从养殖生产看，一般放养鱼种大小规格在 25～50 克。较大的鱼种养成的商品鱼规格较大。一般放养 25 克/尾的规格，第二年可达 250 克/尾；放养 50 克/尾的规格，第二年可达 450～500 克/尾。

鱼种放养一般选择冬天进行，因为此时温度较低，异育银鲫"中科 3 号"活动下降，拉网操作时不易损伤异育银鲫"中科 3 号"鱼种，也减少发病率。因此，最好是鱼种起捕筛选后，立刻投放到成鱼养殖池，可以延长鱼类生长期，而且第二年春季也不用再次拉网捕获鱼种，避免鱼种的再次受伤。但是温度过低甚至结冰时，不要进行鱼种捕获和放养，以免冻伤异育银鲫"中科 3 号"鱼种。

四、鱼种放养密度

鱼种放养密度直接决定了养殖池塘的养殖产量。养殖密度过低，商品鱼的规格比较大，但是总产量较低。如果养殖密度过大，养成成鱼的规格较小，而且有可能引发病害发生。因此，异育银鲫 "中科 3 号" 的养殖密度要根据池塘条件、养殖增氧设施、饲料质量、商品鱼规格要求以及养殖技术等多方面因素确定。养殖实践中，一般水深 2 ~ 2.5 米的池塘，每亩放养异育银鲫 "中科 3 号" 鱼种 2 000 ~ 3 000 尾，搭配规格为 100 克/尾左右的鲢鱼 300 尾，鳙鱼 100 尾。由于鳙鱼的商品价值远远高于鲢鱼，因此在养殖生产过程中都提高了鳙鱼的养殖比例。在异育银鲫 "中科 3 号" 主养模式中，异育银鲫 "中科 3 号" 的亩产量在 1 000 千克左右甚至更高。

五、80∶20 池塘养殖技术

80∶20 池塘养殖技术是异育银鲫 "中科 3 号" 主养模式中最常用的养殖方式。80∶20 池塘养殖技术指在养殖池塘中，80% 的产量来自于某一种摄食人工配合饲料的吃食性鱼类，而另外 20% 的产量来自于某一种或几种可清除养殖水体中的浮游生物、净化水质的服务性鱼类，如鲢鱼、鳙鱼等鱼类，两种鱼类的放养搭配比例，放养时间、放养规格等都有其特定的技术要求。但是，养殖单位也可根据养殖池塘的条件、区域性的天气条件以及鱼种的大小适当调整比例，以达到高产高效的目的（谢义元等，2014；朱锦超和黄爱华，2014）。

江苏省涟水县利用渔业科技入户平台，在成功主养异育银鲫 "中科 3 号" 的基础上，逐渐推广 80∶20 技术养殖异育银鲫 "中科 3 号" 与白鲢，收到良好的经济效益。12 月投放规格为 15 ~ 30 克/尾的银鲫种，放养密度为 2 000 ~ 2 800 尾/亩，每亩搭配 100 克/尾的白鲢 500 尾左右以净化水质，白鲢鱼种在异育银鲫 "中科 3 号" 入池后半个月再投放。入池前用 3% ~ 5% 食盐水药浴 15 分钟，以杀灭鱼体表的细菌和寄生虫。排除生活习性与异育银鲫 "中科 3 号" 大致相当等杂食性鱼类，避免争夺饵料和栖息环境，影响银鲫生长。当水温超过12℃开始正常投喂。投饵量按体重的1%~5%。每天投两次，分上、下午各一次，上午8：00时左右，下午16：00时左右。每次各投总量的50%。在月投饲量确定的条件下，6—9月日投饲次数可以2~3次。经10多个月养殖，异育银鲫"中科3号"个体平均450克/尾，最大个体达到630克。白鲢平均规格达700克/尾，亩产异育银鲫"中科3号"1 150~1 350千克，白鲢300千克（朱锦超和黄爱华，2014）。

国家大宗淡水鱼产业技术体系多个综合试验站也开展异育银鲫"中科3号"主养模式的探讨。

郫县综合试验站开展了主养异育银鲫"中科3号"成鱼和鱼种养殖模式试验（表3.1）。主养成鱼养殖模式中，在11月投放规格50~75克鱼种5 000尾，搭配投放规格150~350克鲢鱼300尾，规格200~400克鳙鱼100尾。第二年5月起捕150克以上异育银鲫"中科3号"商品鱼800千克。主养鱼种养殖模式中，5月投放夏花6 000尾，配合分别投放鲢、鳙夏花400尾和125尾，年底收获50~75克鱼种共计260千克。

表3.1　主养异育银鲫"中科3号"养殖统计　　　　　单位：亩

鱼种	放养			成活率	收获		
	时间	规格（克）	尾数	%	时间	规格（克）	重量（千克）
鲫	11月	50~75	5 000	90	5月起	150起捕	800
	5月	夏花	6 000	80	11月	50~75	260
鲢	11月	150~350	300	95	8月起	1 500起捕	300
	6月	夏花	400	80	11月	150~350	60
鳙	11月	200~400	100	95	8月起	2 000起捕	190
	6月	夏花	125	80	11月	200~400	30
合计			11 925				1 640

郑州综合试验站站采取两年养成模式开展异育银鲫"中科3号"主养模

式尝试。第一年 5 月放养水花，按照 8 000 尾/亩的密度主养，当年培育成大规格鱼种。第二年 3 月底分池，进行主养异育银鲫 "中科 3 号"。异育银鲫 "中科 3 号" 主养密度 6 000 尾/亩，套养白鲢 200 尾/亩、花鲢 50 尾/亩。养殖结果显示：第一年主养，从水花养成大规格鱼种，年底 "中科 3 号" 平均体重在 50 克左右。第二年主养池塘，年底鱼体平均长至 300 克左右，亩产约 1 750 千克。

南昌综合试验站开展成鱼池塘 80:20 精养模式试验，每亩放养异育银鲫 "中科 3 号" 2 200 尾，同时每亩搭配 150 克/尾的鲢鱼 150 尾、200 克/尾的鳙鱼 50 尾。养殖过程中投喂全价配合饲料，蛋白质含量为 32%，饲料粒径 2.0～2.5 毫米，投喂方法采取四定原则，并根据天气、水温、水质、溶氧及鱼种大小等因素进行适当的调节，每日投喂 3～4 次，日投饲率为 1.2%～3%，达到八分饱即可。经过 300 天的养殖，取得平均亩产 765 千克，出塘规格 400 克/尾，成活率 88% 以上，亩均利润 2 353.2 元的良好效益，达到高产高效的目的。

福州综合实验站开展以异育银鲫 "中科 3 号" 为主养鱼，配养鲢鳙鱼养殖模式，亩放养 15 克/尾的鱼种 4 000 尾，同时亩搭配尾重 250 克左右的鲢、鳙鱼鱼种 200 尾，年均产量 1 550 千克/亩。

第二节　异育银鲫 "中科 3 号" 套养模式

异育银鲫 "中科 3 号" 套养模式也是重要的养殖模式之一。该养殖模式充分利用异育银鲫 "中科 3 号" 与其他套养品种的食性的差异，不影响主养品种生长的前提下，获得异育银鲫 "中科 3 号" 最好的生长。异育银鲫 "中科 3 号" 能在多种淡水鱼类中套养，如草鱼、团头鲂、鲤鱼、黄颡鱼等，并取得了很好的养殖效果和经济效益。

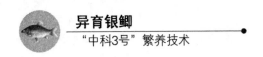

異育銀鲫
"中科3号"繁养技术

一、主养草鱼和团头鲂等，套养异育银鲫"中科3号"养殖模式

福建省淡水水产研究所草鱼苗种培育池套养异育银鲫"中科3号"试验。6月在面积6.19亩养殖池塘中放养规格为2～3厘米的草鱼10万尾、规格为3～4厘米/尾的异育银鲫"中科3号"1 000尾，6月20日放养规格为3～4厘米/尾的长丰鲢8万尾。经过6个月的养殖，池塘收获规格为8～15厘米/尾的草鱼1 395千克、规格为0.6～1.05千克/尾的异育银鲫"中科3号"553千克、规格为6～9厘米/尾的长丰鲢573千克。出塘时异育银鲫"中科3号"最大个体达到1.05千克，最小也有0.6千克，平均体重0.75千克；草鱼种规格则达到8～15厘米（樊海平等，2015）。

长春综合试验站采用在主养草鱼和团头鲂的池塘中套养异育银鲫"中科3号"，亩投放夏花200尾，成活率80%左右，出池规格130～150克，每亩产量15～20千克。

郫县综合试验站在5月中旬至6月在主养草鱼和团头鲂池塘中放养规格为5克左右的当年鲫鱼种，亩放养2 000尾。到11月基本达到150克以上的商品规格，成活率在80%以上，亩产异育银鲫"中科3号"240千克。

二、主养鲤鱼，套养异育银鲫"中科3号"养殖模式

天津综合试验站开展主养乌克兰鳞鲤，套养异育银鲫"中科3号"、凡纳滨对虾生态养殖模式。鱼种放养密度分别为：乌克兰鳞鲤500尾/亩，异育银鲫"中科3号"300尾/亩，鲢鱼200尾/亩，鳙鱼15尾/亩，凡纳滨对虾1.2万尾/亩。苗种规格为乌克兰鳞鲤120克/尾，鲢鱼125克/尾，鳙鱼400克/尾，异育银鲫"中科3号"30克/尾，凡纳滨白对虾平均体长1.0厘米。养殖产量为亩产925千克，其中异育银鲫"中科3号"75千克，规格0.25千克/尾。

长春综合试验站主养鲤鱼池6亩,亩放鲤鱼夏花3 000尾,亩套养异育银鲫"中科3号"夏花1 000尾,花白鲢1 500尾。出池结果:主养鲤鱼池亩总产860.6千克,异育银鲫"中科3号"产量74.5千克,平均规格77.8克。

三、主养黄颡鱼,套养异育银鲫"中科3号"养殖模式

在广东地区采用主养黄颡鱼套养异育银鲫"中科3号"的养殖模式,亩放养黄颡鱼夏花5 000~10 000尾,套养异育银鲫"中科3号"夏花200~600尾,并配养一定比例的鲢、鳙鱼(3:1)。经过5个月养殖,异育银鲫"中科3号"平均规格超过400克,生长速度快,增效明显(姚桂桂等,2014)。

第三节 异育银鲫"中科3号"混养模式

混养模式是指在主养某种品种的同时兼养其他一种或多个品种的混合养殖模式,主要通过合理搭配不同品种及数量比例,实现养殖品种的高产。通过多种混养品种的尝试表明:异育银鲫"中科3号"能与团头鲂、鲢、鳙鱼、鲤和草鱼等多种大宗淡水鱼类混养。

一、多品种混养模式

在湖北武汉东西湖开展了异育银鲫"中科3号"混养实验,其他鱼类品种包括团头鲂、白鲢以及少量的鳙鱼和青鱼(表3.2)。在其他鱼类放养量不变的条件下,异育银鲫"中科3号"的产量和生长速度与原有鲫鱼养殖品种相比,皆提高了1倍以上,养殖效果十分明显。

表 3.2　混养异育银鲫"中科 3 号"养殖统计

种类	放养			收获（12 月 28 日）			
	时间	数量 （尾/亩）	规格 （厘米）	成活率 （%）	规格 （克/尾）	重量 （千克）	平均产量 （千克/亩）
鲫鱼	5 月 12 日	4 000	2.5	98.2	100	2 750	392.9
团头鲂	5 月 28 日	3 000	3.0	80.0	100	2 400	342.9
白鲢	5 月 28 日	2 500	3.0	90.0	100	1 620	231.4
花鲢	6 月 03 日	360	3.0	94.5	165	390	55.7
青鱼	6 月 30 日	200	3.0	35.0	100	70	10.0
合计		10 060				7 230	1 032.9

福州综合实验站开展异育银鲫"中科 3 号"混养模式，平均每亩放养异育银鲫"中科 3 号"1 500 尾、草鱼越冬种 1 800 尾、白鲢越冬种 120 尾、浦江 1 号夏花苗 500 尾、花鲢越冬种 300 尾。年底养成异育银鲫"中科 3 号"规格在 10～13 厘米。

福州综合实验站明溪示范县开展多种新品种混养，混养密度为异育银鲫"中科 3 号"500 尾/亩、草鱼 600 尾/亩、福瑞鲤 200 尾/亩、"浦江一号"团头鲂 100 尾/亩、鳙鱼 40 尾/亩、鲢鱼 100 尾/亩。经过 186 天养殖，异育银鲫"中科 3 号"平均个体重 415 克。

二、异育银鲫"中科 3 号"为主，混养其他一个品种

江苏扬州市江都区水产管理站开展了异育银鲫"中科 3 号"亲鱼和鳜鱼混养技术探索。1 月亩放养异育银鲫"中科 3 号"鱼种 1 500～2 000 尾，规格 100～120 克/尾。5 月中旬每亩放养体长 5 厘米左右的鳜鱼苗种 250 尾。放养前期选用粗蛋白 28%～30% 的颗粒饲料投喂，七、八月后改用粗蛋白 24%～25% 的颗粒饲料。日投喂 2～3 次。4 月前日投饲量按鱼体总重量的 3%～

5%投喂，随着水温的升高而逐渐增加投喂量，7—9月投喂量增至鱼体总重量的8%～10%。8月底投放鲮鱼作为饵料鱼补充，亩放鲮鱼75千克，9月中旬投放鲮鱼，亩放100千克。10月中旬检查两种鱼的生长情况：鳜鱼达500克/尾左右，成活率95%；异育银鲫"中科3号"达400克/尾，成活率90%。鳜鱼按50元/千克、异育银鲫"中科3号"按16元/千克计算，产值达14万元，扣除苗种、饲料、饵料鱼、消毒剂、杀虫剂等生产费用成本，效益达9.2万元，亩产效益1.15万元（薛庆昌等，2012；丁文岭等，2015）。

第四节　异育银鲫"中科3号"其他养殖模式

除了常见的几种异育银鲫"中科3号"养殖模式以外，还尝试了其他几种养殖模式，如水库网箱养殖模式，"鱼—菜—菌"生态养殖模式和稻田养殖模式等，异育银鲫"中科3号"均显示出其高度的适应性和明显的生长优势，取得养殖成功。

一、网箱养殖

利用水库、湖泊等大水面进行网箱集约式生产，不占用土地面积和池塘水面，是一种养殖方式的尝试。由于水库、湖泊等大型水域水面大，使得网箱内外水体能充分交换，因此溶氧充足。其次网箱养殖鱼的活动量小，能量消耗少，这些都有利于异育银鲫的生长。网箱养殖一般采用6米×6米×3米的网箱进行投饵养殖。经过180～200天饲养，鱼体平均体重可达200克以上，每平方米产量可达8～25千克（童存万，2011）。网箱是一种特殊的养殖设施，在养殖过程中与池塘养殖有一定的差异，本部分参考彭泽鲫和异育银鲫网箱养殖技术（孙瑞和彭仁海，2008；童存万，2011），总结网箱养殖中需要注意的技术环节。

1. 网箱规格

网箱规格，一般要求面积为 16～30 平方米，深 2～3 米，网目大小依照放养鱼种的规格而定。在异育银鲫"中科 3 号"不能逃逸的前提下，尽可能选用大的网目，以增大箱内外水体的交换。网箱材料一般选择聚乙烯网线。网箱设置方式常采用漂浮式和固定式两种方式。漂浮式网箱可以随意移动，而且即使水位变动，网箱深度仍保持不变。只要网箱不着泥，网箱养殖鱼类的水体容积就恒定不变，网箱中的水质也就比固定式网箱好，非常适宜在较深的水库、湖泊内安置，为目前采用最广泛的一种网箱（图 3.1）。

图 3.1　养殖异育银鲫"中科 3 号"网箱

2. 水域选择

网箱设置场所最好选择在水库上游的河流入口处，或水库坝下的宽阔河道，且要求交通方便。水体为微流，水质清新，溶解氧丰富，适合于网箱高密度饲养。同时选择避风向阳、底部平坦以及日照好的区域，这样水域水温高，适合异育银鲫"中科 3 号"的生长，也可以避免风浪和洪水对网箱的影响。为了提高异育银鲫"中科 3 号"的品质，网箱底部尽量触底，便于水的流动，并能使底部残饵、粪便等及时随水流排除，水质不易恶化（童存万，2011）。

3. 网箱安装

在鱼种入箱前 8～10 天将网箱安装好，并全面检查一次，四周是否拴牢，网衣有无破损。8～10 天后网衣着生了一些藻类，增加润滑性，可减少鱼种游动时被网壁擦伤。

4. 鱼种消毒

鱼种入箱前在捕捞、筛选、运输、计数等操作环节应做到轻、快、稳，尽量减少机械损伤，降低鱼病感染机会。与此同时还要防止病、伤、残的鱼种入箱。鱼种入箱前可用药物浸洗鱼种，3%～5%食盐水消毒 10～15 分钟，也可以用聚维酮碘或者高锰酸钾溶液消毒。

5. 鱼种放养

网箱养殖异育银鲫"中科 3 号"一般采用单养方式，也可搭配一定比例的鲢、鳙鱼。每平方米放养异育银鲫"中科 3 号"夏花苗种 200～600 尾。同一网箱内的鱼种必须一次性放足，而且放养规格必须整齐，否则鱼体大小会越来越悬殊。鱼种进网箱最好选择早晚，避开高温时段。

6. 饲养管理

网箱养殖异育银鲫"中科 3 号"必须投饵。以投喂人工配合饲料为好，半浮性或沉性颗粒饵料均可。投饵少量多次，是网箱养鱼的投喂原则。每次投饵量以 90% 的饵料在漏出网箱之前被吃掉，且最后投入的少许饵料又很少有鱼争食为标准，确定每次投饵的数量。每日投饵 3～4 次，夜间不投饵。

7. 日常管理

网箱养殖的日常管理要比池塘养殖更为严格。除了与其他常规养殖相同的日常管理以外，一定要经常检查网衣是否破损，尤其是在大风前后，发现问题及时处理。要定期冲洗网衣，清除残饵，保证网箱内外环境清洁和水体正常交换。随着异育银鲫"中科 3 号"的不断长大，可以更换网目更大的

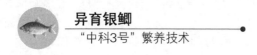

网箱。

二、稻田养殖

稻田养鱼模式是以水稻为主，兼顾养鱼，是根据稻鱼共生理论，利用人工新建的稻鱼共生关系，将原有的稻田生态向更加有利的方向转化，达到水稻增产鱼丰收的目的。因此，稻田养殖是一种比较健康生态的养殖模式（曹俊峰，2012）。稻田养殖异育银鲫"中科3号"可以采用如下方法。

1. 稻田选择和建设

选择水源充足，水质好没有污染，灌排方便，不受洪水威胁，耕作层深厚，保水保肥性能好的稻田田块。严重枯水、漏水及草荒的稻田田块不宜选择。稻田要在春耕前用硬土加高加宽田埂，经加固的田埂一般高 80 ~ 120 厘米，宽 60 ~ 80 厘米。进出水口最好呈对角设置，并安装拦鱼栅，一般可以采用聚乙烯网片和铁筛网，最好设置两层。在稻田内需要挖鱼沟及鱼坑，鱼沟一般宽 40 ~ 60 厘米，深 30 ~ 40 厘米，鱼沟距田埂底部约 0.8 ~ 1.5 米，一般挖成"口"、"日"、"井"、"十"或"田"字形。鱼坑一般设在鱼沟交叉处、进水口或者稻田中心，深 1 米，面积 3 ~ 5 平方米。鱼沟和鱼坑的面积一般占整个田块面积的 5% ~ 10%。

2. 苗种放养

放养的苗种可选择夏花和冬片鱼种，投放时间一般是 5 月下旬至 6 月初。夏花鱼种放养密度为 50 ~ 300 尾/亩，50 克左右的鱼种放养密度为 100 尾/亩以下。一般在稻田插秧 1 周后即可放养。鱼种放养前，用浓度 3% ~ 5% 的食盐水浸洗鱼体，时间 10 ~ 15 分钟。除食盐水外，还可用高锰酸钾、聚维酮碘等溶液消毒。

3. 饲养管理

根据放养密度及计划产量决定是否投喂饲料。如果投放密度比较小，可不投喂饲料，稻田内天然饵料可满足异育银鲫 "中科 3 号" 生长需要。如养殖密度较大，为提高产量，需要适当投饵。投喂人工配合颗粒饲料养殖效果较好。投喂时定点投喂，最好在鱼坑处投喂。投喂人工饵料时应坚持做到 "定时、定位、定质、定量"。一般每天投喂 1～2 次，每天上午 8：00—9：00 时或下午 15：00—16：00 时各投喂一次，每次投喂以鱼 1 小时内吃完为宜。

4. 养殖日常管理

日常管理主要是经常巡视田埂，查看异育银鲫 "中科 3 号" 摄食活动情况、检查拦鱼网栅，防止漏水和溢水逃鱼，尤其是注意大雨后要及时排水，以免漫埂或冲毁拦鱼设备。及时清除堵塞网栅的杂物，保持进排水畅通。田间水较少时，要注意观察有无异育银鲫 "中科 3 号" 搁浅在田面上，如有则需要及时捡入鱼沟内。

在水质管理上，与其他养殖模式也有所不同。一般情况下，随着温度的升高，水位需要提升，而且换水的量和次数也相应增加。

5. 施肥和施药

根据水稻生长情况施肥，最好施用长效基肥，如农家肥、磷酸二铵或尿素等，不仅对鱼无害，还有利于鱼类的生长。稻田养殖尽量少施农药，若一定要施药时应注意几个原则。一是选用低毒性农药；二是在施农药前先加深稻田水位或造成水微流状态，以便于鱼类回避和降低稻田水药物浓度；三是选择正确施药方法，粉剂在早上有露水时喷撒，水剂在露水干后喷洒，尽量将药物喷洒在水稻茎叶上，使农药尽量少落入水中。

6. 捕捞

捕捞时首先将鱼沟疏通，然后再缓慢放水，让鱼逐渐集中在鱼沟、鱼坑中。用抄网将鱼捕出，也可以采用出水口放渔网的方法将鱼捕出。

三、"鱼—菜—菌"生态养殖模式

鱼菜共生是一项综合效益高、节省资源的生态养殖模式，再加上微生态制剂调控水质的作用，形成了"鱼—菜—菌"生态养殖模式。该养殖模式通过菜和有益菌的共同作用，对池塘的水体进行原位修复，改善和稳定水质，进而促进鱼苗的生长，提高饵料效率。同时益生菌将池塘中残饵和排泄物分解成菜可吸收的营养物质，通过定期采收菜，将该物质移出池塘，减少池塘养殖污水的排放，提高池塘自净力，达到节能减排的效果。因此，"鱼—菜—菌"养殖模式是一种促进养殖户增产增收，高效健康的养殖新模式，适合进行推广养殖示范（薛凌展，2014）。具体方法如下：

每口 100 平方米水泥养殖池放异育银鲫"中科 3 号"鱼苗 1 900 尾（鱼苗平均体重为 2.04 克/尾）。1 号和 2 号池中各放置 4 个空心菜种植浮床，每个浮床面积为 4 平方米，每口池空心菜种植面积控制在 16% 左右，两口池各移植新鲜空心菜 1.5 千克，均匀地种植在浮床上面。2 号池定期使用微生态制剂 EM 菌原粉。1 号池塘中共起捕异育银鲫"中科 3 号"大规格苗种 1 721 尾，平均体重为 49.57 克/尾，成活率为 90.58%；2 号池塘共计起捕 1 783 尾，平均体重为 53.45 克/尾，生长速度比其他两组快，成活率达到 93.84%；3 号对照组池塘共起捕大规格苗种 1 730 尾，平均规格为 45.69 克/尾，低于其他两组，成活率为 91.05%。从以上的数据分析得出，在空心菜和益生菌的作用下，2 号池塘中鱼苗的生长速度和成活率均好于其他两组，增产效果比较明显。

第四章
异育银鲫"中科3号"病害防治

异育银鲫"中科3号"是具有较强抗病能力的重要经济鱼类，相对其他养殖鱼类，很少因为感染某种疾病而大量死亡。但是近年来随着养殖面积的快速扩大，放养密度的增加以及苗种交流程度的频繁，异育银鲫"中科3号"的疾病也逐渐增加。异育银鲫"中科3号"受到寄生虫、病毒等多种病原的感染而发生暴发性疾病。异育银鲫"中科3号"易得疾病主要包括黏孢子虫病、暴发性出血病、水霉病、烂鳃病、锚头鳋病和鱼虱病等。

第一节　异育银鲫"中科3号"寄生虫病

一、孢子虫病

目前，制约鲫养殖业发展的一个重要因素是寄生虫病，特别是黏孢子虫病。当黏孢子虫寄生鱼体时，有的种类会给宿主造成较大的伤害，使商品鱼失去价值，严重时可导致鱼类大量死亡，给养殖生产带来巨大的经济损失。迄今已报道的异育银鲫鳃、皮肤、肾脏、肠道、口腔、膀胱、性腺、肝脏、鳍等器官感染黏孢子虫种类数达 36 种以上，其中 11 种属于碘泡虫。近 2～3 年来，鲫的养殖面临一个巨大挑战。各地纷纷暴发黏孢子虫病，常常导致 90% 以上甚至整个鱼塘所有鲫病死，给养殖者带来巨大损失（薛凌展等，2011；温晓红，2012）。

病原和症状：该病的病原是一类寄生虫，孢子虫主要寄生于鱼类的鳃部、体表和体内肝脏等组织，形成白色包囊（图 4.1）。寄生鳃部的常引起鳃组织局部充血，呈紫色，或贫血呈红色或溃烂，有时整个鳃瓣上布满包囊，使鳃盖闭合不全；寄生在体表鳞下的，可将鳞片拱起，形成椭圆形凸起；寄生在体内肝胰脏的，可使异育银鲫"中科 3 号"腹腔膨胀，肝胰脏坏死。异育银鲫"中科 3 号"体表轻度感染及时治疗后，包囊将逐渐从鱼体脱落，并不影响异育银鲫"中科 3 号"生长。而感染严重时，异育银鲫"中科 3 号"死亡率高达 90% 以上。

防治：清塘等措施可以消除水和底泥中的水蚯蚓和放射孢子虫，甚至可以杀灭水体和底泥中的成熟孢子。根据每种黏孢子虫病季节发生规律，即在成熟孢子和包囊出现的 1 个月前，可进行水体中放射孢子虫和鱼体中孢子虫营养体的杀灭；切断传播途径，黏孢子虫病主要随小鱼苗传播，要避免在疫区购买苗种；鱼种下塘前用晶体敌百虫和硫酸铜合剂进行浸浴，以防将孢子虫带进池塘；放射孢子虫及其中间宿主水蚯蚓可通过水流传播，避免引入疫水到养殖池塘；改变养殖模式，适当增加其他鱼类比例，降低鲫鱼养殖密度，减少黏孢子虫传播；药物治疗，主要造成鱼体损伤，引起的继发性感染细菌，因此，直接使用抗生素可以大大减少因黏孢子虫病引起的死亡；进入黏孢子虫病高发季节，每隔一至两周全池泼洒晶体敌百虫 1 克/米^3，同时结合内服 1 克/千克饲料的灭孢灵药饵（薛凌展等，2011）。

二、锚头蚤病

病原和症状：该病的病原是锚头蚤，感染此病的异育银鲫"中科 3 号"

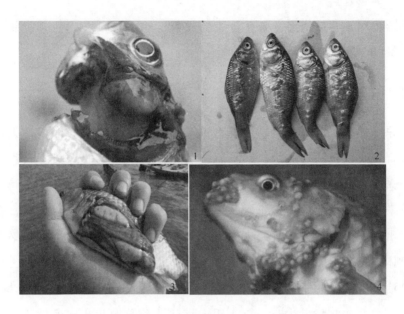

图 4.1　异育银鲫"中科 3 号"银鲫肝脏感染孢子虫解剖
（1：喉孢子虫病；2：肤孢子虫病；3：腹孢子虫病；4：鳃盖孢子虫）

亲鱼消瘦，体表发黑，性腺萎缩，严重影响亲鱼的体质和繁殖。寄生部位充血发炎、肿胀，出现红斑，肉眼可见锚头蚤寄生。4—7 月为流行季节。

防治：生石灰清塘。高锰酸钾浸洗，水温 15～20℃ 时，高锰酸钾剂量为 20 克/米³，水温 21～23℃ 则用 10 克/米³ 浸洗 1.5～2 小时。90% 晶体敌百虫溶液全池泼洒使水形成 0.3～0.5 克/米³ 药物浓度，半月内连续两次用药。或者每立方米水体用 0.2 克灭虫精溶液全池泼洒（朱锦超和黄爱华，2014）。

三、鱼虱病

病原和症状：病原是多种鱼虱。寄生在鳃及体表，肉眼可见。虫体似耙钉般吸附在鱼体上，或者在寄生处到处爬行并以其腹面的倒刺、口刺、大颚，刺伤、撕破鱼体所寄生部位，致使病鱼呈现极度不安、狂游的症状等。

防治：用生石灰清塘，杀死鱼虱的成虫、幼虫和卵块。用90%晶体敌百虫（0.3~0.5）×10^{-6}全塘遍洒。

四、车轮虫病

病原和症状：该病的病原是车轮虫属和小车轮虫属中的许多种类。车轮虫少量寄生时没有明显症状。严重感染时，车轮虫在鱼的鳃及体表各处不断爬动，损伤上皮细胞，致使上皮细胞及黏液细胞增生、分泌亢进，鳃出血。严重感染时一大片上皮细胞坏死，病鱼沿池边狂游，呈"跑马"状，有时病鱼体表出现一层白翳，病鱼受虫体寄生的刺激，引起组织发炎，分泌大量黏液。鱼体消瘦、发黑、游动缓慢、呼吸困难而死（张大中，2012）。

防治：鱼苗到乌仔阶段，如果密度较大应及早分塘。施肥应少量多次，并经充分发酵。此病发生时，首先用1克/米³硫酸铜和0.4克/米³硫酸亚铁合剂全池喷洒，鱼种可用3%盐水浸浴5~10分钟和20毫克/升高锰酸钾溶液浸洗。

第二节　异育银鲫"中科3号"细菌性疾病

一、水霉病

病原和症状：该病的病原是水霉、绵霉等。此病主要发生在受精卵孵化阶段和鱼苗阶段，流行季节3—5月。水霉菌丝着生在卵膜上，菌丝从卵膜内吸收营养，呈放射性排列。发生在养殖阶段的水霉病，主要是在捕捞或运输后，或者越冬池放养密度过高，因鱼体受伤而引起的。水霉菌经伤口入侵，使被寄生部位组织坏死。病鱼食欲减退、行动呆滞，在病鱼头部、吻端、尾部、躯干或鳍条，有时甚至在鳃部都有水霉菌寄生，并黏附污泥和藻类（徐

琴，2014）

防治：在拉网捕捞以及搬运时操作要细致小心，防止鱼体受伤。鱼体受伤时可用0.04%食盐和0.04%小苏打合剂全塘泼洒。对于受伤的产卵亲鱼可采用20克/米³聚维酮碘等浸泡20分钟，可防细菌感染。

二、烂鳃病

病原和症状：病原为黏细菌类，此病是异育银鲫"中科3号"较严重的病害之一，流行广，危害大，全年发生，4—10月为流行季节。病鱼鳃丝腐烂带有污泥，鳃盖骨内表皮往往充血，严重时病鱼鳃盖内中间部分内膜常腐蚀成一个不规则的圆形透明小窗，除细菌病原外，真菌和寄生虫也可引起烂鳃。

防治：细菌性烂鳃，用高氯或二溴海因0.3克/米³全池泼洒。重症时，隔日再用一次。寄生虫烂鳃，可用150克/亩敌百虫全池泼洒。

三、竖鳞病

病原和症状：病原由水型点状极毛杆菌感染所致。病鱼体表粗糙，部分鳞片向外张开成松球状，鳞片基部水肿，内积半透明或带血的黏液，以致鳞片竖立。若稍压鳞片，黏液喷射出来，水肿消失，鳞片随之脱落（徐琴，2014）。病鱼常有烂鳍，鳍基部和皮肤充血，眼球突出，腹部胀大等症状，严重时鱼体呼吸困难，活动迟钝，最后身体失去平衡，连续2~3天后死亡。

防治：运输和放养过程中尽量避免鱼体受伤，以免造成细菌感染。另外用2%食盐和3%小苏打混合液浸洗鱼体也可以起到预防作用。全池泼洒二氧化氯，每立方米用药0.5~1克，兑水全池均匀泼洒，每天1次，连用3天；内服鱼用菌病消，每千克饲料加入菌病消8~10克，做成颗粒投喂，连喂5~7克。也可内服复方新诺明，按每天150~250毫克/千克鱼体重混入饲料中投

喂，连喂 5~7 天（徐琴，2014）。

四、暴发性出血病

病原和症状：该病的病原为嗜水气单胞菌，患病的异育银鲫"中科 3 号"上浮独游，活力较差，受惊时反应迟钝，摄食量下降或停食；病鱼的口腔、上下颌、眼眶、鳃盖、鳍条皆有不同程度的充血，病灶部位呈红色或浅紫色斑状；病情严重时，病鱼肛门红肿，鳃丝水肿，苍白（贫血），眼球突出，腹部膨大，解剖可见肠道充血，肝、胆等脏器肿大，并伴有腹腔积水。

防治：用生石灰彻底清塘，杀灭潜伏病原，改善养殖环境。在该病流行季节，每 10~15 天全池泼洒生石灰水或 0.3 克/米^3 二溴海因。在发病水体全池泼洒 0.1 克/米^3 强氯精，每日一次，3 天后加换新水。配合体外药物消毒，内服免疫白蛋白制剂、维生素等药饵，能更快的杀灭病菌。

第三节　异育银鲫"中科 3 号"病毒性疾病

目前异育银鲫"中科 3 号"病毒性疾病已经确认的疾病是鳃出血病，在江苏地区被称为大红鳃（孙琪等，2012；杨先乐等，2013；袁圣，2013；陈昌福等，2014；吴霆等，2014）。

病原与症状：该病的病原是鲤疱疹病毒 2 型（陈昌福等，2014）。该病的发生时间一般在 5 月中旬至 7 月上旬，发生时的水温一般在 18~25℃。患鳃出血病的鱼食欲减退，离群独游，多数鱼体表光洁，无寄生虫附着，但鳃部明显出血，活体病鱼鳃部呈鲜红色，放入清洁的水中不久就因鳃部出血而染红水色，病鱼尾鳍、背鳍末端明显发白；部分病鱼腹部膨胀，内有浅黄色腹水，鱼鳔上有明显出血性瘀斑，一些死亡病鱼鳃丝因失血过多而呈苍白色，在鳃盖两侧各形成一个胭脂红色的淤血斑块（吴霆等，2014）。解剖可见鳃丝呈紫红色且有血水流出，肾、脏、脾、鳔等器官都有出血症状，病鱼肝脏发白肿大、脾脏以及肾脏肿大，体内有大量的微黄色腹水，肠道基本无食物。

防治：鳃出血病目前没有特效药物进行治疗，需要通过改善养殖环境、维持养殖环境稳定、减少和避免养殖鱼类应激性刺激。同时可通过定时添加免疫增强剂的方法，增强养殖异育银鲫"中科 3 号"自身免疫力。与此同时，可采取合理混养的养殖方式，尽量避免该疾病的发生。

第五章
异育银鲫"中科3号"实例讲解

第一节　异育银鲫"中科3号"苗种繁育实例

异育银鲫"中科3号"与其他银鲫品系一样，具有很强的适应能力，基本在全国各地都可以进行苗种繁育。本节根据区域性，选择了长江流域的湖北、江苏和浙江，东北地区的吉林和西北地区的宁夏等成功进行苗种繁育的实例，包括人工繁殖、半人工繁殖、夏花苗种培育和冬片鱼种培育等多个方面。

一、吉林省水产科学研究院祖岫杰等报道：异育银鲫"中科3号"规模化人工繁殖技术（祖岫杰，2014）

异育银鲫"中科3号"是异育银鲫的第三代新品种，它是利用银鲫双重生殖方式的特性，从高背型银鲫和平背型银鲫交配产生的后代中选择优良个体作母本，用兴国红鲤作父本，进行异精雌核生殖而产生的新品种。其遗传性状稳定，用雄性鲤鱼的精子刺激异育银鲫"中科3号"所产的卵子进行雌核生殖，即可生产异育银鲫"中科3号"全雌苗种用于养殖。由于异育银鲫

"中科 3 号"具有生长速度快（比高背鲫生长快 13.7%~34.4%；出肉率高 6% 以上），体色银黑，鳞片紧密，不易脱落，个体大，食性广，养殖成本低，产量高，效益好等优点，2010 年国家大宗淡水鱼类产业技术体系长春综合试验站开始在吉林省大规模推广养殖。经过几年的养殖，积累了大量经验。2013 年，吉林省水产科学研究院承担省科技厅"异育银鲫中科 3 号"人工繁殖及池塘养殖技术研究科研课题，并进行了规模化人工繁殖，生产水花 1 000 余万尾。现将异育银鲫"中科 3 号"规模化人工繁殖技术总结如下。

1. 材料与方法

亲鱼选择：母本采用异育银鲫"中科 3 号"，选择标准是个体大，体型好；父本采用建鲤，选择标准为体长而高，背厚，外观强壮，无病，无伤，3~4 龄，体重在 1 000~2 000 克，轻压腹部有白色精液流出。选择雄性亲鱼时严禁混入雌性个体。

亲鱼培育：亲鱼培育池面积 5~10 亩，水深 1.5~2.0 米，池底平坦，淤泥少，不渗漏。在放养亲鱼之前用生石灰彻底清塘；注水时用筛绢网把注水管口包好，严格过滤，以防野杂鱼及其鱼卵进入亲鱼池；清除池边杂草，防止亲鱼自行产卵。

亲鱼放养：雌雄亲鱼分池放养。雌性亲鱼的放养密度为 250~300 千克/亩，雄性亲鱼的放养密度为 300~350 千克/亩。

饲养管理：春季产前强化培育，春季融冰后，水温逐渐上升，亲鱼的摄食强度也随温度的上升而日趋旺盛。当水温上升到 10℃ 以上时，开始投喂人工颗粒饲料，投饲率控制在 3% 左右。这时池塘水深不必过大，以利于水温上升，促进性腺发育。当水温上升到 15℃ 以上时，投喂量控制在 4% 左右，这时可以投喂一定量的大麦芽，同时也要经常向培育池中加注一定量的新水并给以一定的水流刺激，促使亲鱼的性腺发育。进行人工繁殖前 10 天左右停止注水，否则易诱发产卵。此外，要严防亲鱼缺氧。

产后培育：产后亲鱼的体质、体力都较弱，所以要选择水质清新、溶氧量充足、环境安静的池塘进行产后培育，同时要投喂营养丰富、易消化吸收的新鲜饲料，这对产后亲鱼恢复体质尤其重要。同时要做好防缺氧浮头、防病工作。

秋季培育：亲鱼秋季培育的好坏，直接关系到第二年的怀卵量。秋季投饲视亲鱼的食欲、天气情况而定，以少食多餐为佳，投喂量控制在鱼体重的4%以内，随着气温的降低而减少。水质控制应肥度适中，池中搭养一定比例的鲢、鳙鱼，以调节水质。秋后水温下降，亲鱼的摄食强度也随之减弱，但水温降到10℃以下亲鱼仍然进食，所以封冰前天气晴暖时，也要少量投喂饲料。

催产时间的掌握：异育银鲫"中科3号"的繁殖期因各地气候不同而异。北方地区一般在5月中下旬，当水温稳定在18℃以上没有寒流出现时，便可以进行催产。催产阶段要经常观察亲鱼的活动情况，以防止亲鱼流产。

催产亲鱼的选择：要选择性腺成熟度好的亲鱼。雌性亲鱼要选择腹部膨大而柔软，卵巢轮廓明显，生殖孔微红微突，轻压腹部能挤出少量卵子，且卵粒完全分离。作为父本的建鲤，以选择个体重1 000克以上，轻压腹部有乳白色精液流出者为宜。

人工催产：分两批，催产药物选用绒毛膜促性腺激素（HCG）、促黄体释放激素类似物（LHRH—A$_2$）。异育银鲫"中科3号"（雌亲鱼）催产药物的剂量为LHRH－A 225微克/千克＋HCG 1 200国际单位/千克，建鲤（雄亲鱼）的剂量减半。用0.7%生理盐水将催产药物配成注射液，注射部位为亲鱼的胸鳍基部，针头与鱼体成45°角刺入。采用一次注射法，每千克鱼注射2毫升，即将预定的催产剂量一次全部注射到鱼体内。注射后的雌雄亲鱼分放在两个水泥产卵池或设置在池塘内的两个网箱中，并进行流水刺激。具体催产情况见表5.1。

72

表 5.1　异育银鲫 "中科 3 号"（♀）X 建鲤（♂）催产情况

催产批次	催产时间	催产水温	催产亲鱼数量（尾）	
	（年月日）	（℃）	♀	♂
1	2013 年 05 月 18 日	18.2	500	42
2	2013 年 06 月 26 日	21.5	900	90

受精孵化：催产后，接近效应时间末期，要注意观察亲鱼的活动，并检查亲鱼的成熟情况。卵子过熟会影响受精率、孵化率和鱼苗的质量。若一提起雌鱼便有卵流出或轻压腹部即有卵流出时，应马上进行人工授精。一般采用干法授精，操作时将亲鱼捕起，用干毛巾擦去鱼体和操作者手上的水，将雌鱼的卵子挤入擦干的盆中，同时挤入雄鱼的精液。第一批每 12 尾异育银鲫 "中科 3 号" 的卵用 1 尾建鲤的精液，第二批每 10 尾雌鱼的卵用 1 尾雄鱼的精液。在挤卵和精液的同时用羽毛轻轻搅动 2 ~ 3 分钟，然后将受精卵慢慢倒入事先准备好的滑石粉脱黏液中，同时搅动脱黏液使受精卵脱黏。搅动 5 分钟后，用筛绢滤出受精卵，放入新的脱黏液再次脱黏。两次脱黏后用新鲜清水漂洗受精卵 1 ~ 2 次，最后放入孵化环道流水孵化。孵化环道底部应布上一层微孔管以便充气，缺氧时开启鼓风机以防卵子下沉。孵化过程中水流不宜过大，只要能使卵粒轻轻翻上水面然后分散下沉即可。孵化过程中，用 "霉灵" 控制受精卵的水霉病，用量为 5 克/米^3，用药过程中停止流水，开启鼓风机，利用微孔管增氧，防止鱼卵沉底。

2. 结果

两批次共催产 1 400 尾异育银鲫 "中科 3 号"，132 尾建鲤。第一批催产水温 18.2℃，效应时间 13.0 ~ 13.5 小时；第二批催产水温 21.5℃，效应时间 10.5 ~ 11.0 小时。具体结果见表 5.2。

表 5.2　人工繁殖试验结果

批次	催产率 （%）	产卵数 （万粒）	受精卵数 （万粒）	受精率 （%）	孵化率 （%）	出苗数 （万粒）	孵化水温 （℃）	出苗时间 （h）
1	74.2	460.0	292.1	63.5	83.6	244.2	18.5～19.0	120
2	95.8	1 129.5	973.6	86.2	85.2	829.5	22.0～23.5	105

3. 分析和讨论

异育银鲫"中科3号"的人工繁殖与鲤鱼的基本相同，只要亲鱼成熟度好，催产药物的使用量在适宜的范围内，均能取得满意的催产和人工授精效果。亲鱼的成熟度和催产水温对催产率都有影响。成熟度好的异育银鲫"中科3号"腹部两侧卵巢轮廓明显，用手轻压腹部感觉柔软而有弹性。这样的亲鱼催产率较高。当雌亲鱼卵巢发育到Ⅳ期末，卵核偏心时，注射适量的催产药物后就会顺利产卵，否则使用再多药物也无济于事。笔者两批次催产试验的结果表明，水温与催产率有着密切的关系。第一批在水温 18.2℃ 时催产，催产率 74.2%；第二批在水温 21.5℃ 时催产，催产率高达 95.8%。两批次催产药物种类、剂量均相同，由于第二批催产时水温已稳定在 20℃ 以上近一周，亲鱼性腺基本都发育到Ⅳ期末，因此催产率很高。由此看来，异育银鲫"中科3号"的最适催产水温在 20～22℃，低于 20℃ 催产效果不理想。异育银鲫"中科3号"苗种的规模化生产均采用人工授精的方法，因为异育银鲫"中科3号"为异精雌核发育，其后代为全雌性个体，在人工繁殖过程中一般都采用雄性鲤鱼精液作激活源，选用鲤鱼作父本是因为鲤鱼精液量大，用量少，适用于人工授精。此外，人工授精可以控制受精的时间和环境，出苗时间集中，适合大规模批量生产。人工授精的关键问题是掌握挤卵时间，挤卵时间过早，挤不出卵，有的挤出少量卵子，但质量差，不能受精；挤卵的时间过晚，亲鱼可能自产或卵子过熟不能受精。挤卵和挤精的间隔时间不能太长，越短越好。精液的数量和质量也直接影响着受精率。本试验第一批次的受精率为63.5%，有些偏低，可能与以下因素有关：①第一批次的催产水温偏低，卵子成熟度不高，虽然能挤出卵子，但受精率不高；②第一批次的催产水温低，精子的成熟度也不高，在挤精的过程中发现精子的量明显少于第二批次催产的雄鱼，可能是催产过早使得精液量少，质量差；③用于激活卵子的精液量不足也可能是受精率不高的另一个原因。第一批次约每12尾雌鱼的卵用1尾雄鱼的精液，第二批约每10尾雌鱼卵用1尾雄鱼精液进行受精。上述都可能是第二批次受精率比第一批次高26.3%的原因。

二、江都市水产管理站丁文岭等报道：异育银鲫"中科3号"规模化半人工繁殖试验（丁文岭等，2012）

江都市渌洋湖养殖场于2008—2010年承担了江苏省水产三项工程《异育银鲫"中科3号"引进与示范推广》项目，在项目完成的基础上，2011年4—5月，项目组又进行了异育银鲫"中科3号"规模化半人工繁殖试验。试验培育异育银鲫"中科3号"F_2母本规格450克/尾共9 500尾，兴国红鲤父本600克/尾共3 500尾，繁殖异育银鲫"中科3号"鱼苗19 500万尾。现将繁殖技术介绍如下。

1. 池塘条件

培育池条件：选择鱼池为长方形，东西向，异育银鲫"中科3号"母本池分别为（10×667）平方米、（12×667）平方米（以下分别简称1#、2#池），兴国红鲤父本池（8×667）平方米（以下简称3#池），淤泥深度小于25厘米。池塘土质为黏壤土，水源为长江水系经大运河开闸灌入，水质符合NT 5010标准，水渠无工业污染。

异育银鲫"中科3号"孵化池条件：选择鱼池为长方形，东西向，面积为（6×667）平方米、（7×667）平方米、（8×667）平方米（以下分别为

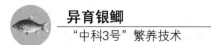

4#、5#、6# 池），池深 1.5 米左右，池底平坦，不渗漏，淤泥深小于 15 厘米。池塘水质同亲本培育池，土质黏壤土，每口池塘配备 3 千瓦叶轮式增氧机 1 台，注、排水方便，进水口用双层网过滤，里口用 60 目筛绢网，外口用网单脚长 2~3 厘米聚乙烯网。

亲本来源：亲鱼母本为 2009 年在本场采用兴国红鲤精子刺激异育银鲫"中科 3 号" F_1 母本卵子，经雌核发育生殖获得的异育银鲫"中科 3 号" F_2 鱼苗，再经 2009 年和 2010 年培育养成。挑选规格 450 克/尾，体格健壮、无病、无伤，雌性异育银鲫"中科 3 号"（95% 以上为雌性）为母本。父本为本场培育的，规格 600 克/尾，体格健壮、无病、无伤的雄性兴国红鲤。

亲鱼培育：

①冬季培育（11 月至翌年 2 月 15 日）：2010 年 11 月：水温必须在 5℃ 以上，挑选符合母本条件的异育银鲫"中科 3 号"放入 1#、2#，放养密度为 194 千克/亩。符合父本条件的兴国红鲤放入 3#，放养密度为 262 千克/亩，进行专池培育。投喂以颗粒饲料为主，菜饼、小麦为补充，日投饲量为鱼体重量的 1%~2%，天气晴朗、气温较高时，适当增加投喂量。保持良好水质，水质不宜过浓，透明度在 30 厘米左右，水位保持在 1.5 米以上，以便亲本安全越冬。

②春季培育（2 月 15 日至 4 月 6 日）：开春后，投喂饲料品种以菜饼、小麦为主，日投喂量按鱼体重量的 3%~5%。随着水温的升高，不断增加投喂量。定期换水，每次排水 20~30 厘米，再补充新鲜水至原水位，以促进性腺发育。3 月中旬以后，当水温达到 16℃ 时，停止换水，防止母本提前产卵。

产前准备鱼巢的设置：将柳树根须或网片以 5%~8% 的食盐水浸泡 30 分钟，暴晒 2~3 天后，用扎绳从基部扎成束，再将每束鱼巢扎到聚乙烯绳索上呈长条龙状。每条龙长 10 米左右，每束鱼巢间隔 20 厘米。当水温达到 17℃ 时，将鱼巢设置到母本池（1#、2# 池）中。设置位置离岸线 30~50 厘米处水面下，鱼巢龙两端固定在竹杆上。

捕捞父本：当水温达到16℃左右时，将父本（3#池）水位降至50厘米，人工捕捞父本，按母本数量的35%，放入母本池。此后，母本池已成为异育银鲫"中科3号"产卵池。

人工促性腺激素注射和产卵：当水温达到18℃以上，将产卵池水位降至50厘米，用聚乙烯网将雌雄亲本拉至一侧，人工捕捞亲本，采用自主研制的连续注射器注射催产激素。母本按每千克注射促黄体释放激素5微克和地欧酮2毫克，父本注射剂量减半，逐尾快捷注射。注射部位于鱼体胸鳍下2厘米处，动作要快，尽可能减少亲本体力消耗。注射完毕后，将水位加至1米左右，注意观察雌雄鱼活动情况。8小时后，雄鱼开始追逐雌鱼，并在鱼巢附近溅起水花，可观察到鱼巢上已有鱼卵黏附。待交配高潮6小时后，水面逐渐恢复平静。待雌雄鱼停止交配、交卵时，及时将黏有鱼卵的鱼巢移入孵化池中进行孵化，避免亲鱼吞食鱼卵。

孵化：孵化池于孵化前15天严格消毒。注入的池水严禁杂鱼进入。移入的带卵鱼巢，必须用15毫克/升高锰酸钾溶液浸泡3~5分钟，方可放入孵化池。孵化池预先培肥水质。4~5天后，鱼苗开始陆续出膜，但仍附着在鱼巢上，在池中水平游动。出膜2~3天，开始沿池四周浅水处泼洒豆浆，日投喂量为每亩用3千克黄豆加工成的豆浆，分3次投喂。当大部分鱼苗离开鱼巢，能自由活动时，轻轻抖动鱼巢，取出空鱼巢，进行鱼苗培育。

鱼苗培育：此时鱼苗一面以自身卵黄囊为营养，一面摄食水体中原生动物、轮虫等小型浮游生物及豆浆等人工饵料。7~10天后，每隔4~5天，加注1次新水，每次加水10厘米左右，观察水色变化和鱼苗活动情况，预防气泡病发生。每天中午开机1次，每次1小时。雨天或气压低时，凌晨加开增氧机。

出塘：鱼苗培育全长至2厘米左右时，开始拉网锻炼鱼苗1~2次。拉网

前清除池中杂草污物，饲料在拉网后投喂。第 1 次拉网用筛绢网将鱼苗围入网中，观察鱼的数量和生长情况。若夏花培育池离孵化池较近，即可出塘。若需长途运输，隔日待第 2 次拉网锻炼后再出塘。

2. 结果

参试异育银鲫"中科 3 号"母本 4 275 千克、9 500 尾，兴国红鲤父本 2 100 千克、3 500 尾，出塘异育银鲫"中科 3 号"乌仔 19 500 万尾，平均每组母本产乌仔 2.05 万尾。

3. 小结与讨论

采用土池规模化半人工繁殖是完全可行的，避免了水泥池人工授精和在孵化缸孵化劳动强度大、成本高的缺点。本试验用 6 口面积为（51×667）平方米的池塘，繁殖 19 500 万尾鱼苗，比水泥池和孵化缸繁殖更适合规模化生产。

人工注射催产激素目的是为了让雌雄发情时间同步，产卵集中，便于母本在 1~2 天内全部产完，减少受精卵在亲本池中的时间，从而减少受精卵被亲本吞食的损失。

黏有受精卵的鱼巢在放入孵化池前，必须用高锰酸钾消毒浸泡，显著降低了受精卵的霉变率，提高了早春时节池塘规模化孵化成活率。

试验中采用自主研制的连续注射器注射催产激素，注射快捷，节约了人工成本，便于规模化繁殖，宜于推广操作。

本试验更重要的意义是出塘的鱼苗已适应外部池塘条件，放入池塘培育夏花，成活率较高，避免了水泥池和孵化缸繁殖的鱼苗，放入池塘中因不能迅速适应外部池塘水质，死亡损失大的缺点，这种优势已被广大异育银鲫"中科 3 号"养殖户认可。

三、宁夏水产研究所赛清云等报道：宁夏异育银鲫"中科 3 号"人工繁殖试验初报（赛清云等，2013）

异育银鲫"中科 3 号"是中国科学院水生生物研究所淡水生态与生物技术国家重点实验室桂建芳科研团队培育出来的新品种，具有遗传性状稳定、生长速度快、出肉率高、鳞片紧密等优点。2010 年 4 月，宁夏水产研究所从湖北引进该品种乌仔，经过两年培育，于 2012 年 4—5 月首次在宁夏进行异育银鲫"中科 3 号"的人工繁殖试验，并获得初步成功。

1. 材料与方法

池塘条件：试验在宁夏水产研究所科研基地进行。选择两口池塘，注排水方便、面积均为 8 亩，分别作为雌、雄亲鱼专用培育池。在亲鱼放养前对培育池进行严格清塘和消毒，在进水口安装 60 目筛绢，防止野杂鱼等敌害生物进入。池塘水深 1.2~2.5 米，水源引灌黄河水，每口池塘配备 3 千瓦的叶轮式增氧机一台。

亲鱼培育：雌性亲鱼挑选个体大、体质健壮、成熟度好、无疾病、无畸形、鳞片完整、体色鲜亮的 2 龄异育银鲫"中科 3 号"；雄性亲鱼挑选个体大、体质好、性腺发育好的 3 龄以上的黄河鲤。雌性亲鱼每亩放养 500~800 尾，尾重 260 克以上；雄性亲鱼亩放养 100~200 尾，规格为 2 000~2 500 克/尾。亲鱼从越冬池转移到亲鱼培育池运输过程中，用 2.5% 食盐水消毒 5~10 分钟。亲鱼入池后，池塘水深 1.2 米左右，随着水温不断升高，陆续注入新水刺激亲鱼性腺发育。水温 10℃ 以上时开始投喂，投喂全价配合饲料，饲料粗蛋白质含量 33% 以上。根据水温变化，调整日投饵率，日投饵率为 0.5%~2.0%，每天投喂 2~3 次。

人工催产：挑选发育良好的成熟亲鱼转入繁殖孵化车间的产卵池。一般腹部膨大、有明显的卵巢轮廓、下腹部松软有弹性、生殖孔突出、微开的为成熟度较好的雌性亲鱼；腹部狭小、胸鳍和鳃盖有明显的"珠星"、手摸有粗糙感、轻压后腹部时，生殖孔有乳白色精液流出的为成熟雄鱼。雌雄分开放，采用微流水刺激两天后进行人工催产。人工催产采用一针注射法，催产药物选择促黄体素释放激素类似物（LRH－A$_2$）、马来酸地欧酮（DOM）和绒毛膜促性腺激素（HCG）3种药物混合使用，黄河鲤雄鱼用药剂量为雌鱼的1/2。催产情况见表5.3。

表5.3 异育银鲫"中科3号"催产情况

催产批次	日期（月日）	水温（℃）	平均体重（克）	催产数（尾）	每千克鱼催产药物剂量
第一批	4月26日	16	271	813	LRH－A$_2$ 6微克＋DOM 2毫克
第二批	4月27日	17	276	854	LRH－A$_2$ 6微克＋DOM 2毫克
第三批	5月9日	22	308	1021	LRH－A$_2$ 5微克＋DOM 3毫克＋HCG 500单位

人工授精与孵化：将注射后的亲鱼分放在不同的产卵池中，在接近效应时间时要注意观察亲鱼活动情况，并随时检查催熟情况，轻压腹部有卵粒流出，即可进行人工授精。人工授精采用干法授精，方法是将亲鱼捞出，用干毛巾将鱼泄殖孔周围擦拭干净。然后将鱼卵挤入干的水盆内，同时挤入精液。10~15尾雌性鲫鱼卵用1尾雄性鲤鱼的精液，加入少量生理盐水，再用自制的干羽毛刷轻轻搅拌1~2分钟，使精卵混合均匀。在布卵池内，均匀地将受精卵拍到已消毒的棕榈皮鱼巢上，20~30分钟后在5%的盐水中消毒3~5分钟，挂入2.5亩大的塑棚池塘内进行孵化。塑棚池塘内具备微孔增氧设备。在孵化期间，每6小时测定一次溶氧，溶氧保持在5毫克/升以上。孵化水温保持在20℃以上。出苗前，先对苗种池进行池塘消毒再加入新水，并加入少量发酵好的牛粪水，培肥水质，使幼苗有充足的生物饵料。

苗种培育：苗种在塑棚池塘中孵化、培育。苗种孵出后，每天泼洒豆浆

5 次。7 天后，每天在豆浆中添加少量鱼粉，每天投喂 5 次。经 15 天培育，鱼苗长成 1.5~2.0 厘米的乌仔。再经 10 天左右的培育，长成 2.5~3.0 厘米的夏花。

2. 结果

（1）人工催产和效应时间（表 5.4）

在 3 批催产试验中，第 3 批时间相对前两次较晚，催产水温高于第 1 批和第 2 批的。由表 5.4 可以看出，一定范围内、在较低水温条件下（第 1 批和第 2 批），异育银鲫 "中科 3 号" 亲鱼对催产药物的效应时间较长，高水温条件下（第 3 批），亲鱼对催产药物的效应时间则较短。而且水温不同，亲鱼催产率也不同，第 3 批的 89% 明显高于前两批的 68% 和 73%。

表 5.4　水温与催产率、效应时间关系

批次	催产水温（℃）	催产率（%）	效应时间（时）
第一批	16	68	20~22
第二批	17	73	20~22
第三批	22	89	16~18

（2）孵化结果（表 5.5）

表 5.5　异育银鲫 "中科 3 号" 孵化情况

批次	孵化水温（℃）	孵化时间（时）	产卵量（万粒）	受精率（%）	孵化率（%）	成活率（%）	成活数量（万尾）
第一批	22~23	100~110	100	73	67	63	30.8
第二批	22~23	100~110	110	78	73	68	42.6
第三批	25~26	80~90	400	82	30	60	59

从表 5.5 可以看出，在较高水温条件下（第 3 批），受精卵的孵化时间要

比低水温条件下（第 1 批和第 2 批）孵化时间短，孵化时间与水温基本呈负相关关系。试验共催产雌性异育银鲫"中科 3 号"亲鱼 3 批，共 2 688 尾，黄河鲤雄性亲鱼 260 尾，共获得异育银鲫"中科 3 号"乌仔 132.4 万尾。本次试验产卵量、孵化率及成活率等结果数据见表 5.5。从表 5.5 可以看出，第 3 批亲鱼产卵量明显高于第 1 批和第 2 批，受精率也高于前两批。从孵化率来看，第 3 批仅 30%，而第 1 批和第 2 批远远高于第 3 批。苗种成活率基本正常，其中第 2 批成活率最高，达到 68%。

3. 讨论

试验证明，异育银鲫"中科 3 号"人工繁殖方法与鲤鱼基本相同，用常规人工催产的方法完全可达到对异育银鲫"中科 3 号"进行人工繁殖的目的，$LRH-A_2$ 和 DOM 对亲鱼催产效果明显，增加 HCG 对催产效果无显著差异。试验中第 1 批和第 2 批产卵量较少，这主要与亲鱼成熟度有关。部分亲本在注射催产药物以后未能在效应时间内集中成熟，造成催产率不高，产卵效果不佳的情况。其次，第 1 批和第 2 批催产时间比较早，水温偏低，这也是亲鱼卵巢/性腺发育不够成熟、产卵量较低的因素之一。因此，亲鱼的培育是人工繁殖的重要环节，亲本的体质和大小直接影响产卵量的多少，不仅在春季产前要对亲本进行强化培育，而且在每年秋季更应该注重亲鱼的培育。试验中三批受精卵的孵化率都偏低，第 3 批孵化率最低，其原因是多方面的：①主要与水温的变化有密切关系。一般养殖鱼类受精卵适宜孵化水温为 22～28℃，在适温范围内，水温与孵化时间呈负相关关系。但在第三次孵化期间，由于大风导致温棚被破坏，水温从 25℃ 急剧下降到 19℃ 左右。水温骤降引起胚胎大量死亡，对孵化率产生了严重影响。②由于本次催产亲本都是初次产卵，部分亲鱼性腺发育未成熟，这也是造成出苗率较低的原因之一。③孵化池塘水深对孵化率也有一定的影响。合适的水深可以保证稳定的水温和水质条件，获得较高孵化率。本次孵化池塘水深在 60 厘米左右，下层水温较低、溶氧不充分、池塘底泥容易污染等也会造成孵化率有所降低。繁殖亲本经过人工催产后，容易造成体表和脏器不同程度的损伤，引起部分亲本死亡。因此，在人工繁殖全部过程中要注意操作规范，细致做好每个操作环节，亲鱼产后消毒和下塘后培育也尤为重要。

四、湖北省黄冈市水产科学研究所李玮等报道：异育银鲫“中科3号”夏花培育技术（李玮等，2010）

我单位作为中科院水生生物研究所渔业生物技术试验基地，2008—2009年在水生所专家的指导下进行了异育银鲫“中科3号”夏花鱼种的培育，养殖成活率达到80%以上，现将养殖技术介绍如下。

施肥关：每亩使用已经发酵的鸡粪、猪粪等有机肥100~150千克，或亩施酵素菌生物渔肥5~8千克或渔肥精3千克。施肥时间以晴天上午为好，水质以中等肥度为宜，水质透明度约为30厘米，水色为菜绿色。

杀虫关：如果水温较高或施肥过早，池塘中易出现大型浮游动物，鱼苗不能摄食，且与鱼苗争食，不利于鱼苗的生长，此时应进行杀虫。用90%晶体敌百虫0.3~0.5克/米^{3}稀释后全池遍洒，或用4.5%氯氰菊酯溶液0.02~0.03毫升/米^{3}全池泼洒。

放苗关：在池塘水体中轮虫量达到高峰即轮虫达到5 000~10 000个/升水、生物量为20毫克/升水以上时，选择腰点已长出、能够平游、体质健壮、游动迅速的鱼苗，每亩放养量为20万尾左右水花，在晴天上午10：00时左右放池。在放苗的头一天还应对每个培育池的水进行试水，以防止池水毒性未完全消失，造成不必要的损失。放苗地点为放苗池的上风头，将盛鱼苗的容器放入水中慢慢倾斜，让鱼苗自行游入池塘。

投饵关：鱼苗下池的第二天就应投喂豆浆，采用"三边二满塘"投饲法，即早上8：00—9：00时和下午14：00—15：00时全池遍洒。中午沿边洒一次，用量为每天每 10 万尾鱼苗 2 千克黄豆浆，一周后增加到 4 千克黄豆浆。10 天后鱼苗个体全长达 15 毫米时，不能有效地摄食豆浆，需要投喂粉状饲料。

加水关：在鱼苗饲养过程中，分期向鱼池中加注新水，是促进鱼苗生长和提高成活率的有效措施。鱼苗下池 5 ~ 7 天即可加注新水，以后每隔 4 ~ 5 天加水一次，每次加水 10 ~ 15 厘米。到鱼苗出塘时，应已加水 3 ~ 4 次，使池水深度达 1 ~ 1.2 米。

炼网关：异育银鲫"中科 3 号"鱼苗放养后，经 15 天左右的饲养，一般可生长至 20 毫米左右，称为乌仔。经 25 天左右的饲养，生长至 30 毫米左右，称为夏花鱼种。无论乌仔或夏花鱼种出塘，均需进行拉网锻炼（称炼网），一般需进行两次炼网。炼网选择晴天上午 9：00—10：00 时进行，并停止喂食。第一次炼网将鱼拉至一头围入网中，将鱼群集中，轻提网衣，使鱼群在半离水状态下密集一下，时间约 10 秒钟，再立即放回原池。间隔一天后进行第二次炼网。第二次炼网将鱼群围拢后纳入夏花捆箱内，密集两小时左右，然后放回原池。

五、杭州市农业科学研究院刘新轶等报道：异育银鲫"中科 3 号"冬片鱼种高产培育试验（刘新轶等，2014）

杭州市农业科学研究院水产研究所系国家大宗淡水鱼产业技术体系杭州综合试验站。2012 年引进异育银鲫"中科 3 号"后，进行了鱼种培育和多种商品鱼模式的对比试验，2013 年进行了不同模式"中科 3 号"冬片鱼种的高产培育试验，取得了较好的效果。

1. 材料与方法

本试验是在国家大宗淡水鱼产业技术体系杭州综合试验站富阳示范片区示范单位——富阳广华水产专业合作社的养殖场进行。养殖场共有养殖面积 230 余亩，位于杭州富阳东洲街道，主要养殖品种有三角鲂、鲫鱼、草鱼、杂交鳢等。本试验培育异育银鲫"中科 3 号"冬片鱼种，在前一年的基础上优化，可分为两种培育模式：一种模式是以异育银鲫"中科 3 号"为主，混养三角鲂、草鱼、白鲢和花鲢；另一种模式是以异育银鲫"中科 3 号"为主，仅混养白鲢和花鲢。

（1）苗种来源

异育银鲫"中科 3 号"系杭州综合试验站 2013 年 4 月初从国家大宗淡水鱼产业技术体系扬州综合试验站的异育银鲫"中科 3 号"繁育基地引进的鱼苗，育成夏花鱼种后进行混养试验；三角鲂系杭州市农业科学研究院水产研究所繁育的当年夏花鱼种；草鱼从吴江平望场引进，是经初步选育后具有一定生长优势的草鱼。

（2）鱼种放养

池塘条件和准备：共 4 口池塘，面积分别为 4～7 亩，共 22 亩，池塘水深 1.8～2.0 米，进排水独立，水源系钱塘江水，水质良好。养殖池塘按面积分别配备 3 千瓦叶轮增氧机 1～2 台。池塘在放养前均用生石灰干法消毒清塘，5～7 天后再过滤进水。同时在夏花鱼种放养前 5～7 天使用一定数量的有机肥培育水质，做到"肥水下塘"。

（3）放养规格和数量

分两种模式，第 1 种模式共 12 亩（两个池塘），以异育银鲫"中科 3 号"为主，混养三角鲂、草鱼、白鲢和花鲢；第 2 种模式共 10 亩（两个池塘），以异育银鲫"中科 3 号"为主，仅混养白鲢和花鲢。由于人工繁殖和育成当年夏花的时间不同，放养的时间上有差异，具体放养情况见表 5.6。

表5.6 异育银鲫"中科3号"鱼种培育放养情况

模式	品种	放养时间（月日）	规格（厘米/尾）	密度（尾/亩）	总放养量（尾）
1	中科3号	4月29日	2.8	5 000	11 000
	三角鲂	6月10日	3	2 500	
	白鲢	5月23日	3	1 500	
	花鲢	5月23日	3	500	
	草鱼	5月30日	5	1 500	
2	中科3号	4月29日	2.8	10 000	12 500
	白鲢	5月23日	3	2 000	
	花鲢	5月23日	3	500	

（4）养殖管理

养殖所用的饲料为淡水鱼沉性饲料，粗蛋白质含量为28%～32%。放养初期选用破碎料。此后随着鱼体增大，逐步增加饲料颗粒直径。每个池塘设两个食台，饲料投喂在食台，食台面积4～5平方米，离池岸2米左右。夏花鱼种"肥水下塘"，下塘前5天不投饲。养殖过程中投饲量主要根据水温和鱼塘总载鱼量调整，日投饲量在3%～5%，日投喂两次，上、下午各一次。具体每日的投饲量随天气、水质、鱼的吃食情况调整，以1小时内吃完为宜。模式1因混养有草鱼，6—10月，每月在该池塘中适量投喂3～4次的浮萍或收割的空心菜，每次鲜料量50～100千克。这既可以提供草鱼的鲜活饲料，有利于草鱼的生长和成活，又可增加池塘的碳源，有利于水质的调控。

（5）水质调控

水质调控的主要措施有：①7月上旬沿池岸边2～3米用聚乙烯浮板（40厘米×60厘米）适量种植空心菜，一般是长条形并固定在池边，种植面积一般占总水面的5%左右。②8—10月定期使用高效复合微生态制剂，主要有光合细菌和芽孢杆菌。一般每隔20天使用一次，每次全池泼洒20毫克/升。③

合理使用水面增氧机。主要在 7—10 月，晴好天气的中午开增氧机 2~3 小时。总体做到水中溶氧在 4 毫克/升以上、透明度在 30 厘米左右。④定期加水。由于蒸发和渗漏等原因，需定期添加新水，一般每次加水在 20~30 厘米。

（6）防病

以防为主。①定期使用生石灰，平均一月一次，调节 pH 值在 7 以上。②根据季节使用聚维酮碘和敌百虫全池泼洒。③及时清除残剩的饲料，经常对食台进行消毒。

2. 结果

在 12 月中旬收获，以网捕为主，最后干塘捕捞，具体收获情况见表 5.7。为便于分析，收获数据均以单位面积（亩）为基数进行比较。

表 5.7　异育银鲫"中科 3 号"鱼种培育收获情况

模式	品种	平均规格（克/尾）	成活率（%）	收获量（千克/亩）	总收获量	单价（元/千克）	产值（元/亩）	总产值（元/亩）
1	中科 3 号	69	78.6	271	720	16.8	4 556	8 481
	三角鲂	35.3	86.1	76		20	1518	
	白鲢	166	65.1	162		6	971	
	花鲢	178	61.8	55		9	497	
	草鱼	158	65.8	156		6	939	
2	中科 3 号	76	71.8	546	799	16.8	9 180	10 858
	白鲢	153	65	199		6	1 193	
	花鲢	161	67.1	54		9	485	

效益分析：本试验两种模式均以培育"中科 3 号"冬片鱼种为主。为提高培育的产量和效益，分别进行了不同品种的混养。具体效益见表 5.8。

表 5.8　异育银鲫"中科 3 号"鱼种培育效益情况　　　　单位：元/亩

模式	成本							利润
	苗种	饲料	塘租	人工	电	鱼药及生物制剂	成本合计	
1	245	4 455	850	400	180	100	6 230	2 251
2	275	5 177	850	400	180	100	6 982	3 876

3. 讨论和小结

混养的品种模式 1 以异育银鲫"中科 3 号"为主进行冬片鱼种培育，混养了三角鲂和草鱼，同时混养了滤食性的花、白鲢。近年来三角鲂为钱塘江流域的主要淡水养殖品种，草鱼是经初步选育的品种，该品种已连续引进试养两年，生长表现良好；而模式 2 同样以异育银鲫"中科 3 号"为主进行冬片鱼种培育，是品种相对比较单一的鱼种培育方式，仅混养了滤食性的花、白鲢。两种模式的夏花放养总量分别是 11 000 尾/亩和 12 500 尾/亩，相对差别不大。但从表 5.7 的收获情况分析，异育银鲫"中科 3 号"的收获规格、总产量和产值，模式 2 明显高于模式 1，表 5.8 的成本和效益结果也显示，模式 2 明显优于模式 1。

尽管模式 2 的放养总量大于模式 1，但综合结果模式 2 好于模式 1，说明异育银鲫"中科 3 号"的鱼种在培育阶段，过多的品种搭配，尤其是搭配吃食性的鱼类品种不一定能取得更好的效果。同时混养的草鱼，尽管放养时间比异育银鲫"中科 3 号"要迟，但最后的规格是异育银鲫"中科 3 号"的 2 倍以上，这说明对异育银鲫"中科 3 号"的生长和规格有显著的影响。

在杭嘉湖区域，尽管鲫鱼的消费量巨大，鲫鱼也是淡水鱼的主养品种，但在商品鱼养殖阶段，作为主养殖品种的面积还是有限的，更主要的是作为混养品种。而近年来异育银鲫"中科 3 号"引进后，由于该鱼生长速度较快、产量较高，商品鱼的"卖相"较好，深得养殖户和消费者的喜爱，养殖的面积和规模也在不断扩大。苗种是养殖的基础，而冬片鱼种又是商品鱼养殖的前提，一般鲫鱼的冬片鱼种规格在 10～40 尾/千克是比较适宜的。从本试验的结果看，两种模式培育的异育银鲫"中科 3 号"冬片鱼种规格均在 12～14 尾/千克，总产量在 720～800 千克/亩，应该说规格和产量都是比较理想的，然而从育成的规格来看，放养的密度尚有待提高，增产潜力大。

培育的效益从表 5.8 的成本中可以看出，异育银鲫"中科 3 号"苗种成本占总成本的比例较少，总成本中主要的支出成本是饲料。本试验中池塘的租金是 850 元/亩，按目前鱼种的市场价格，模式 1 和模式 2 的利润分别是 2 251 元和 3 876 元，在杭嘉湖地区这样的利润不算高。如果池塘租金达 1 850 元/亩（在杭嘉湖地区很多地方塘租已达到），则效益就更低。因此因地制宜地探索异育银鲫"中科 3 号"的培育模式，进一步提高产量和效益，尚有可为。但从另一方面看，异育银鲫"中科 3 号"冬片鱼种培育的总体投入也是较少的，在 6 230～6 982 元/亩，其投入产出比在 1:（1.36～1.56），则是较高的，故在池塘租金较低、投入资金较少的情况下，是一种较理想的养殖模式。

第二节　异育银鲫"中科 3 号"养殖模式实例

异育银鲫"中科 3 号"适合在我国各种水体中养殖。本节选择了目前最常见的主养、套养、混养等养殖模式以及稻田养殖等养殖模式作为实例。养殖结果都表明：异育银鲫"中科 3 号"具有明显的生长和抗病优势，经济效益明显增加。下面几个实例是多种养殖模式的典型代表。

一、江西省吉安市渔业局谢义元等报道：异育银鲫"中科 3 号"成鱼池塘 80∶20 精养模式试验（谢义元等，2014）

异育银鲫"中科 3 号"是中国科学院水生生物研究所淡水生态与生物技术国家重点实验室桂建芳研究员等研发培育出来的异育银鲫第三代新品种。该品种鲫鱼适宜主养、混养、精养，具有生长速度快、含肉率高、遗传性状稳定、鳞片紧密、不易脱落等特点，深受养殖户的喜爱。该品种推广养殖可以促进养殖结构调整、提高池塘产能，解决饲料价格上涨和鱼类价格偏低等问题，大幅增加养殖效益。国家大宗淡水鱼产业技术体系南昌综合站新干示范县自 2010 年开始从湖北黄石市引进异育银鲫"中科 3 号"夏花，已连续四年开展异育银鲫"中科 3 号"推广养殖示范活动，目前已推广主、套养面积 10 000 亩。2013 年笔者在金川镇灌溪标准化池塘基地开展成鱼池塘 80∶20 精养模式试验，经过 300 天的养殖，取得平均亩产 765 千克，出塘规格 400 克/尾，成活率 88% 以上，亩均利润 2 353.2 元的良好效益，达到高产高效的目的。

1. 材料与方法

（1）池塘条件

试验池塘位于金川镇灌溪千亩标准化池塘养殖基地，1 号池 6 亩、2 号池 10.5 亩、3 号池 14 亩，4 号池 21 亩，5 号池 26 亩，5 口池塘面积共 77.5 亩，水深均为 2.5 米，池埂水泥护坡，池底平坦，淤泥深 10~15 厘米，底质为壤土，池塘东西向长方形，进排水方便，水源为大古山水库农业用水，水质清新无污染，水量充足，符合国家渔业水质标准，每口池塘配有 1~2 台 3 千瓦叶轮式增氧机和 1~2 台投饲机。

（2）放苗前的准备

先对池塘进行干塘清淤并暴晒一个月。鱼种放养前 15 天，对池塘进行彻底消毒，每亩用生石灰 100~120 千克化浆后全池泼洒。清塘 7 天后，池塘加水至 50 厘米。加水时用 40~60 目过滤。加水后，每亩施发酵腐熟的有机粪肥 500 千克，以培养浮游生物，育肥水质，透明度控制在 30 厘米左右。

（3）鱼种放养

以超过往年精养鱼最高鱼产量 10% 为设计产量。根据池塘鱼产量 80% 为吃食性鱼类、20% 为滤食性鱼类的原则，确定主配养鱼种放养比例和数量。2013 年 1 月 23 日，选择该基地的自育规格达到 50 克/尾的异育银鲫"中科 3

号"作为鱼种。挑选鱼种时选择体质健壮、体表完整、无病无伤、无畸形的鱼种放养。每亩放养异育银鲫"中科3号"2 200尾,同时每亩搭配150克/尾的鲢鱼150尾、200克/尾的鳙鱼50尾(放养情况见表5.9)。配养鱼在异育银鲫"中科3号"驯食成功后的3月22日投放。鱼种放养前,用3%食盐水浸泡消毒5~10分钟。

表5.9　试验池塘放养情况　　　　　　　　　　　单位:尾

试验塘号	面积(亩)	中科3号(50克/尾)	鲢鱼(150克/尾)	鳙鱼(200克/尾)
1	6	13 200	900	300
2	10.5	23 100	1 575	525
3	14	30 800	2 100	700
4	21	46 200	3 150	630
5	26	57 200	3 900	1 300
合计	77.5	170 500	11 625	3 455

(4)饲料投喂

养殖过程中按照无公害食品渔用配合饲料安全限量(NY 5072-2002)标准,投喂全价配合饲料。蛋白质含量为32%,饲料粒径2.0~2.5毫米。投喂方法采取"四定"原则,并根据天气、水温、水质、溶氧及鱼种大小等因素进行适当的调节。每日投喂3~4次,日投饲率为1.2%~3.0%,达到八分饱即可。做好日常养殖管理和生产记录,发现问题及时处理,及时调整日投饲量。

(5)水质调控

为保持水质清新,水中溶解氧充足,每10~15天加注新水1次,每次加水量为20厘米;每月用生石灰20千克/亩化水全池泼洒1次,每10~15天用光合细菌或芽孢杆菌改良水质1次,以调节水质。高温季节坚持在晴天中午开启增氧机,增加水体中溶解氧。每周进行一次水质检测,保证水体溶解氧在4毫克/升以上。控制各项指标在正常范围内。若水质不合格,及时采取措

施，使水质始终保持"肥、活、嫩、爽"。

（6）鱼病防治

积极贯彻"无病先防、有病早治"的原则。鱼种下塘后每月对水体进行杀虫消毒，用敌百虫、生石灰、二氧化氯等药物进行全池均匀泼洒。使用微生态制剂调节水质，改善水环境，预防鱼病发生。每月投喂药饵两次，防治细菌性病毒性疾病的发生。严格执行用药规程，严禁使用违禁药品，严格掌握休药期。

2. 试验结果

2013 年 11 月 20 日开始起捕出售，至 12 月 1 日捕售完毕，5 口试验池塘共起捕异育银鲫"中科 3 号"60 239 千克，占总产量的 76.3%，亩均产量 777 千克，出塘规格 350～450 克，平均尾重 400 克，成活率均在 88% 以上。1 号池异育银鲫亩产量 831.5 千克，每亩获利 2 742.6 元，投入产出比 1∶1.31；2 号池异育银鲫亩产量 812.5 千克，每亩获利 2 691 元，投入产出比 1∶1.31；3 号池异育银鲫亩产量 811.8 千克，每亩获利 2 610.5 元，投入产出比 1∶1.29；4 号池异育银鲫亩产量 772.7 千克，每亩获利 2 320 元，投入产出比 1∶1.27；5 号池异育银鲫亩产量 735.6 千克，每亩获利 2 013 元，投入产出比 1∶1.23（表 5.10）。

表 5.10　试验池塘收货及获利情况

塘号	面积（亩）	中科 3 号（千克）	鲢鳙鱼（千克）	总产值（元）	养殖成本（元）	利润（元）
1	6	4 989	1 247	69 220	52 764	16 456
2	10.5	8 532	2 406	120 429	92 184	28 245
3	14	11 365	3 385	161 767	125 227	36 540
4	21	16 226	5 126	230 594	181 874	48 720
5	26	19 127	6 523	275 185	222 847	52 338
合计	77.5	60 239	18 687	757 195	674 896	82 299

3. 小结与分析

①从试验结果得出，异育银鲫"中科3号"池塘80∶20精养效益可观，从6~26亩不同面积的池塘精养，异育银鲫"中科3号"出池规格整齐，平均规格达400克/尾，池塘亩均效益最高可达2742.6元，最低2013元。虽然随着面积增加，管理难度加大，平均产量、平均效益、投资回报率小幅递减，但差异不十分显著。

②异育银鲫"中科3号"精养池塘不宜搭配草鱼等其他吃食性鱼类。如的确需搭配一些肉食性鱼类清除野杂鱼类，以搭配南方大口鲇夏花为宜。每亩放养2~3尾，放养时间在6月中旬后，避免影响异育银鲫"中科3号"的正常摄食生长，造成出塘规格不整齐，饲料系数偏高等。

③异育银鲫"中科3号"成鱼80∶20精养模式中，鲢与鳙的搭配适宜比例为3∶1，充分发挥了鲢鳙鱼滤食浮游生物、净化水质的作用，同时维持了水体中的生态平衡，减少了用药和增氧成本，提高了养殖效益。

④整个养殖过程中，异育银鲫"中科3号"未发现孢子虫病，其他病害也少，体现了异育银鲫"中科3号"生长快、抗病率强、成活率高等新品种的优势，是适宜在江西地区重点推广养殖的优良新品种。

⑤基地池塘异育银鲫"中科3号"80∶20主养与往年主养草鱼模式相比，养殖技术基本相同，但亩效益增加800元左右，且管理强度和成本大幅降低，表明该品种是调整养殖结构、提高池塘产能，解决饲料价格上涨和鱼类价格偏低等问题，能够大幅增加养殖效益的优选大宗淡水鱼品种。

二、江苏省扬州市江都区水产管理站丁文岭等报道：异育银鲫"中科3号"成鱼池混养鳜鱼健康高效养殖技术试验（丁文岭等，2015）

异育银鲫"中科3号"、鳜鱼单独精养时易发生鲫鱼鳃出血病、细菌性败血症、鳜脾传染性肾坏死病等暴发性病害。为减少这两个品种在高密度单养池中养殖暴发性疾病的发生、死亡，提高池塘主养品种的成活率，2014年，笔者将异育银鲫"中科3号"2龄鱼种和鳜鱼当年鱼种混养，并对放养模式、健康养殖技术进行了探索试验，利用两个品种的不同苗种放养时间和不同饲（饵）料品种，在成鱼养殖池中合理降低两个养殖品种的苗种放养数量，有效控制了异育银鲫"中科3号"和鳜鱼暴发性疾病的发生，降低了池塘药物使用量，提高了成鱼养殖成活率，达到了健康高效养殖的要求。在生产试验中选择了3口池塘，面积27亩，每口池塘平均亩放异育银鲫"中科3号"两龄鱼种约1 250尾，产出商品规格成鱼468千克以上，亩放鳜鱼当年鱼种500尾左右，产出商品规格鳜鱼219千克以上，亩均效益5 091元以上，取得了较好的经济效益和生态效益。现将试验情况介绍如下：

1. 材料与方法

池塘条件：试验池塘为江都区渌洋湖水产养殖场一分场冯桃健承包的3口池塘，面积分别为7亩、8亩和12亩，平均水深1.5～2.0米，底质淤泥10～15厘米。池底平坦，池埂无渗漏。每口池塘配备水泵、自动投饵机各一台以及足额功率叶轮式增氧机。

水质条件：水源为长江水系经京杭大运河排灌进入池塘，水流渠道无污染，水质符合无公害养殖用水水质标准（NY 5051－2001），水质主要指标为：氨氮≤0.025毫克/升，pH值在7.0～8.5，亚硝酸盐不大于0.02毫克/升，透明度30～40厘米。

清塘消毒：采用生石灰带水清塘方法，池塘保留水深1米，亩用生石灰150千克，一周后抽干池中消毒水，注入新水。注水口用60目筛绢布袋扎紧，以防野杂鱼卵及其他敌害生物进入。

水质培育：先注入50厘米深水，每亩施入经腐熟的人畜粪350千克。3～5天后，水色逐渐转浓，透明度在25～30厘米。如水质偏瘦，透明度大于40厘米，再追施有机生物肥。

　　鱼种放养：3月上旬，选择异育银鲫"中科 3 号"鱼种放养，要求体质健壮、无病、无伤，体色光亮、体表和鳃部无寄生虫，游动活泼，亩放规格为 100～120 克/尾的 2 龄鱼种 1 300 尾左右。5月底，选择鳜鱼鱼种放养，要求体质健壮、游动活泼，无病、无伤，体表和鳃部无寄生虫，亩放体长 5～6 厘米的鳜鱼种 500 尾左右。放养前用 4% 的食盐水浸泡 5 分钟。

　　饲（饵）料投喂：3—5月，选用粗蛋白质为 28% 的颗粒饲料投喂，日投喂 2～3 次，每日按鱼体重 3% 的量投喂，根据天气、水温、鱼吃食情况酌情增减。6月后，鳜鱼放入池塘，开始投喂体长为 2～3 厘米的鲮鱼作为鳜鱼饵料鱼。随着鳜鱼体长增加，投喂的鲮鱼规格也要增大，保持鲮鱼体长为鳜鱼体长的 30%～50%。7—9月，异育银鲫"中科 3 号"改用 25% 蛋白质含量的颗粒饲料，投喂量按鱼体重的 8%～10%，晴天多投，阴雨天少投，以 2 小时吃完为适量。

　　水质管理：5—9月，水温达 20℃ 以上，每隔 7～10 天，交叉使用光合细菌、芽孢杆菌等生态制剂。芽孢杆菌使用时应避开阴雨天，晴天使用后应及时开动增氧机，以防池水缺氧。如水质过肥，应先使用化学底质改良剂，次日使用生态制剂调水。生物制剂与消毒剂、杀虫剂使用时间应相隔 5 天。

　　病害防治：定期检查异育银鲫"中科 3 号"、鳜鱼、鲮鱼的体表、鳃部、内脏有无寄生虫。6月池塘易发生车轮虫、斜管虫、锚头鳋等寄生虫病，应选用 1% 阿维菌素杀灭，每米水深用 25～30 毫升/亩兑水全池泼洒，禁用敌百虫、氯化铜。鲮鱼投入前应先用硫酸铜杀虫一次，同时内服恩诺沙星 5～7 天后，再投入鳜鱼池，可预防鳜鱼肠道细菌性疾病。每隔 10～15 天用二氧化氯、聚维酮碘等温和性的消毒剂交叉消毒。颗粒饲料中可添加槟雷虫清（主要成分槟榔）中草药，以杀灭鱼体内外的黏孢子虫。

　　合理使用增氧机：7—9月，水温较高，鱼体个体增大，水体易缺氧，必须每日开动增氧机。晴天中午开机 2 小时，阴天凌晨开机。每日从天黑开始巡塘，如天气闷热、水质变坏，小鱼虾游向池边，应立即开启增氧机，直至次日早晨日出后。如第二天仍阴天，继续开机增氧，同时施投增氧剂。

2. 结果

2013年11月，3口池塘共收获异育银鲫"中科3号"400克/尾以上成鱼12 948千克，495克/尾以上成鳜6 021千克，总产值444 384元，总利润139 222元，亩均效益5 156元（表5.11）。

表5.11 鱼种放养、成鱼收获、产值、效益情况

塘号	面积（亩）	放养苗种（尾/亩）		投喂饲料（千克/亩）		收获（千克/亩）		产值（元/亩）		成本（元/亩）					效益（元/亩）
		中科3号	鳜鱼	颗粒饲料	鲮鱼	中科3号	鳜鱼	中科3号	鳜鱼	苗种	颗粒饲料	鲮鱼	药肥	其他	
1	7	1 300	510	702	769	468	219	5 616	10 512	1 262	3 510	4 614	560	1 080	5 102
2	8	1 250	500	717	798	495	228	5 940	10 800	1 225	3 385	4 788	590	1 250	5 302
3	12	1 250	485	714	766	476	222	5 712	10 512	1 197	3 570	4 596	620	1 150	5 091

3. 讨论

通过降低异育银鲫"中科3号"2龄鱼种和鳜鱼种放养数量，既可有效减少鲫鱼鳃出血病、细菌性败血症、鳜脾肾传染性坏死病等暴发性病害的发生，又可保持池塘高产高效。

异育银鲫"中科3号"应选择2龄鱼种，规格为100克/尾以上，放养时间应在当年3月之前，确保异育银鲫"中科3号"在池塘中的规格远远大于鳜鱼饵料鱼规格。

试验中由于降低了两个养殖品种的放养密度，采取了生物制剂调节水质和防病措施，常见性、多发性病害明显减少，药物使用也相应减少，达到了健康养殖的要求。

三、大宗淡水鱼类产业技术体系福州综合试验站樊海平等报道：草鱼苗种培育池套养异育银鲫"中科3号"试验（樊海平等，2015）

国家大宗淡水鱼产业技术体系福州综合试验站自2011年成立以来，从中国科学院水生生物研究所扩繁基地引进异育银鲫"中科3号"夏花和乌仔，培育成亲本和后备亲本，于顺昌示范县兆兴鱼种养殖有限公司开展苗种繁育，在省内进行养殖示范和推广养殖。由于该品种生长速度快、出肉率高、遗传性状稳定、不易脱鳞、碘泡虫病发病率低和养殖效益高等优点，取得了良好的示范和推广效应。除体系示范县外，还推广至省内34个示范县（市），成为各地淡水养殖的主推品种，有效地提高了良种覆盖率。2014年，福州综合试验站开展了草鱼苗种培育池套养异育银鲫"中科3号"试验，取得了较为理想的养殖效果，该模式操作简便，适用地域广。现将其主要做法和试验结果介绍如下。

1. 池塘情况

试验在大宗淡水鱼福州综合试验站顺昌示范县余富养殖基地2号池进行。池塘东西走向、长方形，进排水方便，面积6.19亩，水深1.2~1.5米；池底平坦，淤泥厚度约20厘米；配备2台1.5千瓦的叶轮式增氧机。水源为河水，水质良好。池塘清整后晒塘5天。苗种入池前8天注水约20厘米，生石灰按120千克/亩全池消毒，第2天后翻动塘泥，同时加水至60厘米左右。6~7天后，待池塘轮虫处于高峰期时苗种下塘，此时池塘水色呈茶褐色，透明度30~35厘米。

2. 苗种放养

主要放养品种为草鱼、异育银鲫"中科3号"和长丰鲢夏花。苗种全部来源于福州综合试验站苗种扩繁示范基地——顺昌县兆兴鱼种养殖有限公司。6月15日放养2~3厘米的草鱼10万尾、3~4厘米/尾的异育银鲫"中科3

号"1 000尾，6月20日放养3～4厘米/尾的长丰鲢8万尾。鱼苗下塘前用3%～5%浓度的食盐水浸浴消毒10～15分钟。下塘时注意调节氧气袋的水与池塘水的温差，逐步调节至温差2℃以内方可放苗。

3. 养殖管理

饲养管理在苗种下塘后的前10天，投喂优质淡水鱼粉料和0号草鱼夏花浮性料（粗蛋白含量分别为35%和30%），比例为1:2。之后逐步过渡到全部投喂不同规格草鱼浮性料。每天上午和下午各投喂1次，日投喂量为鱼体重的5%～8%，每周调整一次投饵量，并根据季节、天气、水温和鱼的摄食等情况作适当调整。此外，在高温季节（8—10月）补充投喂适量的黑麦草和浮萍等青饲料。早、中、晚定期巡塘，掌握每天的天气、鱼的活动和水质状况。遇阴雨等恶劣天气，酌情减少投喂量和投喂次数。合理开启增氧机，正常情况下，晴天中午开机2小时，阴沉低气压天气随时开机，防止鱼类缺氧浮头。

水质调控苗种下塘后，养殖前期采用分期加水方法，每隔5天左右加水1次，每次加水10～15厘米。前期共加水6次，直至池塘水位达1.4～1.5米。养殖后期则采用加水与换水相结合的方法。随着养殖鱼类的不断生长，每天投喂的饲料以及排泄的粪便也逐步增加，池水常过肥，尤其在高温天气水质容易恶化，严重影响鱼种的生长。因此，定期加换新水。一般7—9月每周加换水1次，10月后每15天左右加换水1次，每次换水15～20厘米。此外，根据池塘水质情况定期施肥。一般每月施1～2次熟化的有机肥，每次50～80千克/亩。高温季节每月全池泼洒1～2次EM菌调节水质，保持池塘水质肥、活、嫩、爽，透明度控制在20～30厘米。

病害防控坚持"以防为主、防治结合"的原则。在高温和疾病易发季节（或暴雨后）每月泼洒1次生石灰，用量为25千克/亩。此外，在饲料中添加少量三黄粉或大蒜素等药物，以达到预防疾病的目的。整个养殖期间做好日常养殖管理和生产日志，发现问题及时处理。

4. 收获及效益分析

收获情况：12 月 27 日起捕，共养殖 6 个多月约 190 天，收获 8～15 厘米/尾的草鱼 1 395 千克、0.6～1.05 千克/尾的异育银鲫"中科 3 号"553 千克、6～9 厘米/尾的长丰鲢 573 千克。出塘时异育银鲫"中科 3 号"最大个体达到 1.05 千克，最小也有 0.6 千克，平均体重 0.75 千克；草鱼种规格则达到 8～15 厘米，而长丰鲢仅 6～9 厘米，这可能与其放养密度过高有关。

效益分析：总投入：饲料 1.25 万元、苗种 0.8 万元、塘租 0.3 万元、电费 0.15 万元、药物（含生石灰）0.1 万元、人工费 0.3 万元，成本合计 2.9 万元。总产值 4.469 万元，平均产值 7 208 元/亩；纯利润 1.669 万元，平均纯利润 2 534 元/亩。

5. 小结

池塘养殖鱼类品种的合理搭配是养殖增产增效的重要基础。此次试验放养的鱼类有草食性的草鱼、杂食性的异育银鲫"中科 3 号"和滤食性的长丰鲢。养殖期间仅投喂草鱼料。混养的异育银鲫"中科 3 号"主要摄食残饵和池塘生物饵料；而混养的长丰鲢可控制池塘藻类过度繁殖，平衡池塘藻相，调节水质，进而促进鱼类的生长，使水体中的能量充分转化成水产品。科学投喂饲料和合理施肥则是实现高产高效的重要因素。考虑到池塘主要是培育草鱼冬片。因此，在养殖期间仅投喂草鱼料；为兼顾混养异育银鲫"中科 3 号"的生长需求，同时根据水质情况及时合理施追肥，以保持养殖水体中的天然生物饵料丰度，促进鱼类健康生长，达到增产增效的目的。通过 6 个多月的饲养，异育银鲫"中科 3 号"在当年即从夏花养成为商品鱼，平均体重达到 0.75 千克；同时草鱼也从夏花培育成冬片，刚好赶上市场对草鱼冬片需求的高峰期，养殖综合效益显著。由此可见，在草鱼苗种培育池套养异育银

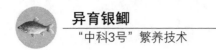

异育银鲫
"中科3号"繁养技术

鲫"中科3号"是一种较为良好的养殖模式。为了进一步提高养殖效益，建议放养大规格异育银鲫"中科3号"苗种，并适当提高放养密度。对最佳产量和效益的合理放养密度还有待于进一步研究。

四、安徽省淮南市潘集区农林局芦集农技站石殿军报道：池塘养殖异育银鲫"中科3号"套养青虾的效果（石殿军，2012）

异育银鲫"中科3号"是中国科学院水生生物研究所科技人员在揭示银鲫雌核生殖和两性生殖双重生殖方式的基础上，利用银鲫双重生殖方式，从高体型（D系）异育银鲫（♀）与平背型（A系）异育银鲫（♂）交配所产生的后代中选育出来，再经异精雌核发育培育而来的异育银鲫新品种。青虾学名日本沼虾，又名河虾，仅产于我国和日本。青虾在我国广泛分布于江河、湖泊、池塘、河沟中。青虾是我国淡水水域中的主要经济虾类，适应性强，食性杂，繁殖力强，生长快，养殖周期短，见效快，营养丰富，肉味鲜美，深受广大消费者青睐。为探索池塘养殖综合效益的提高，笔者根据异育银鲫"中科3号"和青虾生物学特性，于2011年进行异育银鲫"中科3号"养殖池塘中套养青虾试验，取得了较好的经济效益。

1. 材料与方法

池塘条件：试验在淮南市永侠水产养殖有限公司渔业养殖基地进行。选择池塘面积0.2公顷，池塘底部较平坦，淤泥厚度10～15厘米，池埂坡比为1:2.5，水泥护坡，呈东西走向，保水性好，水源充足，水质清新，无污染，符合GB 11607渔业水质标准。池塘深2.5米，保持水深1.8米，有完善进排水设施，电力设施齐全，配有自动投饵机1台，3.0千瓦叶轮式增氧机1台。

清塘与种草试验池塘排水暴晒，修整加固后，用块状生石灰500千克/公顷干法清塘，以杀灭病原及敌害生物。7天后向池塘注入河水，由于河水内有较多野杂鱼，在注水时于进、出水口处分别用密眼网布包住，预防野杂鱼

100

（卵）进入池塘。春季气温升高后，注水 10～15 厘米，在池塘拐角处移栽苦草、空心菜等水生植物，供青虾栖息、躲避敌害和脱壳生长。虾苗下塘前3～4 天，在池塘向阳池边堆腐熟积肥 6 000～7 500 千克/公顷，进行培水，使池水中繁殖大量浮游生物，以供虾苗摄食。

鱼种放养：2011 年 5 月 7 日从湖北黄石引进异育银鲫 "中科 3 号" 乌仔。经 35 天强化培育后，选择体长 5～6 厘米夏花鱼种进行放养；鳙鱼种自己培育。细鳞斜颌鲴从安徽省农业科学院水产研究所养殖试验基地引进。鱼种经过严格筛选，规格相对整齐，体质好，活力强，鳞片完整。操作时尽量避免体外擦伤。鱼种入塘前皆用 3%～5% 食盐水消毒 15～20 分钟。

虾苗放养：青虾为当年本地繁殖的苗种。虾苗肢体完整、活力强、规格相对整齐、体表光滑鲜亮、全身无病状、肌肉充实、躯体透明度大、逆水游动性强。放养在晴天上午 6：00—8：00 时，尽量避免中午高温时段。放养前使用 20 毫克/升的高锰酸钾溶液进行消毒处理。坚持带水操作，一次性放足试验需要的虾苗量（表 5.12）。

表 5.12　试验池塘苗种放养情况

品种	放养时间 （年月日）	规格	放养数量 （尾/公顷）
"中科 3 号"	2011 年 06 月 08 日	5～6 厘米	18 000
青虾	2011 年 07 月 25 日	1.5～2 厘米	300 000
鲢	2011 年 07 月 25 日	50 克/尾	1 600
鳙	2011 年 06 月 18 日	60 克/尾	4 400
细鳞斜颌鲴	2011 年 06 月 19 日	11 厘米	300

投饲管理：

饲料：养殖过程中按照《无公害食品渔用配合饲料安全限量（ NY 5072 - 2002)》标准使用饲料。6—9 月初投喂全价配合颗粒饲料破碎料，粗蛋白质

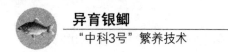

含量36%。之后投喂成鱼混养料，粗蛋白质含量28%。青虾的动物性饵料以轧碎的小鱼虾、螺蚬肉为主，搭配在颗粒中投喂。

投喂方式：异育银鲫"中科3号"鱼种下塘后即开始驯化其抢食习性。驯食按照"慢－快－慢"及"少－多－少"的原则进行。每次驯食约30分钟。经7天左右的时间，可形成异育银鲫"中科3号"上浮抢食的习性。驯食成功后，按"定时、定量、定质、定位、定人"五定投饲法进行投喂。日投饲2~3次，投饵率根据季节水温而定，日投饵率为2%~3%，每周调整一次投饵量，并根据天气、水温、水质、鱼摄食等情况灵活调整投喂量。青虾由于游泳能力差、抢食能力弱，其饵料应在水草及池边浅水处投喂。投饵量要根据天气、水质及吃食情况而定。日投饵率为2%~3%。

水质调节：鱼虾下塘初期保持水位0.8~1.0米，高温季节加深至1.5~1.8米，根据水质情况，定期施肥和换水。一般每15天施1次腐熟的有机肥，每次3 000~4 500千克/公顷，7—8月每周注换水1次，每次换水15~20厘米，保持水质肥、活、嫩、爽，透明度控制在25~30厘米。9—10月每15天注换水1次，并根据水质变动情况，随时加注新水。从7月1日起，每周泼洒1次芽孢肝菌调节水质，开动增氧机。正常情况，晴天中午开机2小时，阴雨天气随时开机，防止泛塘事故发生。

日常管理：坚持早晚巡塘，观察水质和鱼、虾活动情况。要认真做好病害防治工作，一旦发现青虾游爬靠岸，应立即注入新水。异育银鲫"中科3号"抗病力强，很少发生鱼病。为确保安全，坚持"以防为主，防治结合"的原则，每15天用生石灰450~600千克/公顷化浆全池泼洒消毒，杀灭有害病菌，以利于鱼、虾生长。整个养殖期间做好日常养殖管理和生产日志工作，发现问题及时处理。

2. 结果

青虾从10月中旬开始陆续起捕，到12月11日清塘，共获鱼虾1 901千克，平均产鱼虾 9 504 千克/公顷（表 5.13）。经济效益：总产值 32 145 元，总成本 25 700 元，总利润 6 445 元，利润 32 220 元/公顷（折合 2 148 元/亩）。

表 5.13　试验池塘试验结果

品种	总产量（千克）	平均产量（千克/公顷）	平均规格（克/尾）	成活率（%）
"中科 3 号"	1 090	5 449	216	81.4
青虾	67	336	2.3	48.7
鲢	145	725	502	90
鳙	570	2 850	641	93
细鳞斜颌鲴	29	144	482	100
合计	1 901	9 504		

3. 小结与讨论

（1）异育银鲫"中科3号"当年养成商品鱼是可行的

该试验主养的异育银鲫"中科3号"，具有疾病少、生长速度快的优点，市场需求量大。异育银鲫"中科3号"当年养成商品鱼，需先进行苗种强化培育，使其规格达到6厘米后，再进行成鱼养殖。鱼种入池后，应及时进行食性驯化。驯化投喂饲料为粉碎的全价膨化料。驯食成功后逐渐投喂颗粒饲料。试验结果表明，异育银鲫"中科3号"当年养成商品鱼是可行的。当年鱼种可适当加大放养密度，产量和效益都将会增加。至于合理放养量能否达到最佳的产量和效益，有待今后进一步研究。

（2）异育银鲫"中科3号"塘套养青虾有利于增效

异育银鲫"中科3号"是杂食性鱼类，可摄食富营养化水体中的各种藻类、人工饲料、有机碎屑，起到一定的净水作用。青虾对水质要求较高，溶

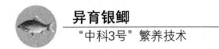
氧量大于 5 毫克/升，氨氮浓度小于 0.15 毫克/升，亚硝酸盐小于 0.15 毫克/升，pH 值 7.0～8.0。青虾在异育银鲫"中科 3 号"养殖塘中套养，可以利用异育银鲫"中科 3 号"摄食的残饵，提高了投喂饲料利用率。通过该养殖试验，发现在适当投喂部分动物性饵料后，青虾生长状况良好，收获青虾336 千克，净增效益 7 080 元/公顷，提高了池塘养殖的综合效益。

（3）鱼类品种合理搭配和水质调控至关重要

池塘养殖鱼类品种合理搭配是增产增效的重要基础。此次试验放养的鱼类有杂食性的异育银鲫"中科 3 号"、滤食性的鲢鳙鱼、刮食性的细鳞斜颌鲴。放养的鱼类既能合理摄食人工投喂饲料，又可摄食水体中有机碎屑，使水体中的能量充分转化成水产品。银旭红等（2012）认为，在异育银鲫"中科 3 号"主养池中，应合理套养鲢鳙等滤食性鱼类，可按照 80∶20 养殖模式进行，鲢与鳙的搭配比例为 3∶1，可利用鲢鳙的滤食性摄食池塘中虾类不摄食的藻类，起到净化水质的作用，进而促进异育银鲫"中科 3 号"和青虾的生长。确保饲料科学投喂和及时施肥是实现高产高效的重要因素。饲料投喂既要考虑异育银鲫"中科 3 号"营养需求，又要考虑青虾的摄食习性；同时，根据水质情况及时施追肥，以增加水体中天然生物饵料数量，促进鱼、虾健康生长，达到增产增效之目的。

五、吉林市龙潭区农业水利局曹俊峰报道：异育银鲫"中科 3 号"及其稻田养殖（曹俊峰，2012）

异育银鲫"中科 3 号"（以下简称异育银鲫）是中国科学院水生生物研究所淡水生态与生物技术国家重点实验室桂建芳研究员等培育出来的异育银鲫新品种，该品种已获全国水产新品种证书，品种登记号为 GS01－002－2007。该品种现已在全国很多省市进行了大面积的推广。

1. 异育银鲫生物学特性

形态学性状：体色为银黑色，鳞片紧密，不易脱鳞，肝脏致密，鲜红色。

生态习性：异育银鲫为典型的底层鱼类，对温度的适应范围广，在全国各地均可越冬，最佳生长水温是 25～30℃；对环境有较强的适应能力，对水体的 pH 值、低溶解氧等理化因子亦有较强的耐受力。适于各种水体养殖，尤其适宜在底质肥沃、底栖生物丰富的水体中生长。异育银鲫食性杂，对食物没有偏爱，只要适口，各种食物均可利用。硅藻、轮虫、枝角类、桡足类、水生昆虫、蝇蛆、大麦、小麦、豆饼、玉米、米糠以及植物碎屑等都是其喜爱的饲料。在人工饲养条件下亦喜好各种商品饲料。

异育银鲫的优良性状：①生长速度快，比普通鲫鱼生长快 2～3 倍。②遗传性状稳定。③身体呈银黑色，鳞片紧密，不易脱鳞。④寄生于肝脏的碘泡虫病发病率低。

2. 异育银鲫垄沟式稻田养殖技术

（1）垄沟式养鱼稻田的条件

首先，选择地势低洼，淤泥适中，水源充足，无污染，进排水方便，保水、保肥好的地块，面积在 10 亩左右为宜，且交通相对便利。

其次，在稻田的四周开挖环形沟，沟宽不大于 2 米，深 1.5 米。田间开挖 "十"、"井"、"田" 字形沟道。一般每 6～8 垄中间开一条，并于环形沟相通，宽 0.4 米、深 0.5 米。田埂必须加高到 0.5 米以上，顶面宽不小于 0.6 米。可用三合板、水泥板、砖块护埂，也可用夯实的土埂，确保不塌、不漏，实现养鱼安全。进、排水口应设在稻田的对角。口宽为 0.3～0.5 米，并在田埂预留 1～2 处排水口，用于排洪。进排水口均要设置防逃网。沟道的面积应占稻田总面积的 10%～15%。

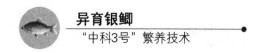
（2）清沟肥水

鱼苗放养前一周左右，用生石灰彻底对稻田沟消毒，每亩水面（0.8米水深）可用90千克生石灰，加水后变成灰浆，趁热全塘泼洒。漂白粉消毒：漂白粉为含氯消毒剂，具有高效、快速、杀菌力强等特点。一般按每亩（0.8米水深）用量为8千克，将其溶化后全池均匀泼洒。消毒是水产养殖的一项重要措施，一定要认真对待，切不可疏忽。清沟后施入腐熟的鸡、鸭等动物粪便混合肥100千克，培水至嫩绿色或茶褐色，透明度不低于20厘米。其目的是培育浮游生物，为鱼苗、虾苗提供饵料。

（3）鱼种放养

异育银鲫鱼种应选择种源可靠、体质健壮、无病害、规格整齐的个体。放养时间一般为5月下旬至6月上旬，在插秧后的一周左右，待秧苗长出新根系，叶片返青时，选择晴天的午后进行，搭配花白鲢等其他鱼种20%。苗种放养前必须"试水"，如无异常情况，即可正式投放鱼苗。鱼种投放前用5%左右的盐水洗浴10分钟以上。一般体长2.5厘米左右的鱼种800尾/亩。套养150克/尾鲢鱼40尾、150克/尾鳙鱼10尾/亩，尽可能不套养鲤、草鱼。为提高经济效益，可向稻田投放体长2厘米以上的青虾苗3千克/亩。

（4）种养管理

①水稻种植。水稻品种要选择高产、抗病害强的优质稻种，如吉粳83、吉粳88、长粒香等。水稻宽行窄株栽插，行株距27厘米×13厘米。适当增加沟边的栽插密度，每亩栽插约1.7万穴。

②肥料的使用。施肥不仅能使水稻高产，促进稻田微生物的繁育，增加鱼类的天然饵料，提高鱼的产量，但也会对鱼儿产生危害。因此，要采取合理的施肥方法：以有机肥为主，辅以少量化肥或不施化肥。在水稻需要除草和防治病虫害时，要尽可能人工清除或使用生物制剂，严重时可使用高效低毒无残留的药物。雨前切勿施药。

③鱼种的投喂。饵料的投喂可参照池塘养殖异育银鲫 80∶20 的方法执行。每天投喂要准时、固定。要按照四定、四看的原则，并结合实际情况灵活掌握。饲料种类，前期以农家饲料为主，后期以商品饵料为主，蛋白质含量应在 30% 左右。

④水质调节。异育银鲫属底层鱼，虽然耐低氧，也要注意水质调节。水质调节能促进其生长和提高饲料利用率。每月泼洒一次生石灰，用量 10 千克/亩，化浆后全池泼洒。每周加注新水 10 厘米，保持水质清新。7—8 月高温季节，可根据水质情况，适时调整注水量。也可使用微生态制剂改善水质（如光合细菌、EM 菌等），既增加产量，又能改善产品品质和水质。

⑤日常管理。加强巡查，发现池埂漏水或坍塌时，应及时修补，特别是雨天，要防止水漫埂跑鱼。坚持每天早、中、晚巡田，观察鱼群动态，检查鱼活动和吃食情况；定期检查、测量鱼的体重、体长和水稻长势，以便正确投饵、施肥、用药、管水。

3. 效益及反思

① 9 月下旬，水稻已开始成熟，此时应将鱼虾集中于沟内暂养，排干稻田田面的积水，以便后期收割。该试验平均亩产稻米 800 千克左右，虽然产量照常规种植方式偏低，但由于是立体种植，有机质含量高，基本上不使用农药，口感要好于正常种植的水稻，属绿色、无公害产品，所以售价较高，经济效益明显。

②经过 100 多天的饲养，平均亩产异育银鲫 80 千克左右，平均个体为 120 克/尾以上，青虾亩产可达 10 千克以上，其他鱼类亩产 30 千克左右。除去先期投入的苗种及饲料等费用，每亩可增加纯收入近千元。

③垄沟式稻田立体种养虽然稻米的产量比其他立体种养方式的低 5% 左右，但鱼的产量可提高 25%~30%。经过比较，垄沟式稻田立体种养科技含量高，值得大力宣传和推广。

六、吉林省水产科学研究院常淑芳等报道：微孔增氧将在异育银鲫"中科3号"成鱼养殖中的应用效果研究（常淑芳等，2014）

异育银鲫"中科3号"是异育银鲫的第3代新品种，它是利用银鲫双重生殖方式的特性，从高背型银鲫和平背型银鲫交配产生的后代中，选择优良个体母本，再用兴国红鲤作父本，进行异精雌核生殖而产生的新品种。异育银鲫"中科3号"遗传性状稳定，用雄性鲤鱼的精子刺激异育银鲫"中科3号"所产的卵子进行雌核生殖，即可生产异育银鲫"中科3号"全雌苗种用于养殖。由于异育银鲫"中科3号"肉质细嫩，味道鲜美，营养丰富，且生长速度快，比高背鲫生长快13.7%～34.4%，出肉率高6%以上；体色银黑，鳞片紧密，不易脱落；个体大，食性广；养殖成本低、产量高、效益好等，深受养殖者和消费者青睐。笔者在吉林省科技厅"异育银鲫中科3号池塘及盐碱泡塘健康养殖技术试验示范"项目的支持下，以异育银鲫"中科3号"为主体鱼，搭配团头鲂、花鲢、白鲢，配备微孔增氧设施，探索池塘健康养殖模式，取得了较为理想的养殖效果。

1. 材料与方法

池塘条件：试验池塘两口，呈东西向长方形，每口池塘面积均为1.33公顷，水深2.2～2.5米，水源充足，水质良好，水质符合渔业水质标准。池塘进、排水方便，交通便利。每口试验池塘配备1台2.2千瓦罗茨鼓风机，每口池塘放置30个增氧盘。鱼种放养前15～20天，用生石灰2 250千克/公顷干法清塘，以杀死病原菌和野杂鱼。鱼种放养前7～10天注水80厘米左右，以后随水温升高逐渐加深水位。

苗种放养时间及放养模式：春片鱼种放养时间为4月25日至5月5日，夏花鱼种放养时间为6月15—20日。

饲料投喂：选用通威饲料厂生产的1011#饲料，饲料蛋白质含量31%。5

月初水温上升到10℃以上时用投饵机驯食。完成驯化摄食后进行定时、定点投喂。投喂量根据鱼的摄食情况灵活掌握,每次投喂以大多数鱼吃饱游走为宜。水温10~20℃时,每天投喂3次;水温20℃以上时,每天投喂4次。保证两次投喂时间间隔4小时以上。

水质管理:整个养殖期间池水透明度始终保持25~30厘米。高温季节每隔7~10天加注1次新水。每15天施用1次生石灰,用量为10~15克/米³,以调节水质。7—8月高温季节除定期加注新水外,每10天左右换掉部分老水。换水时排水在白天进行,补水在晚上进行。

微孔增氧设备使用:微孔增氧设备一般6月下旬开始使用。鱼产量在4 500千克/公顷左右时,每天开启4小时,其中中午开启2小时,凌晨2:00—4:00时开启2小时。鱼产量在6 000千克/公顷左右时,每天开启8小时,中午开启3小时,23:00时至次日4:00时开启5小时。产量在7 500千克/公顷以上时,每天24小时连续开启。

鱼病防治主要采取"无病先防,有病早治"的预防准则。每月施用1次三氯异氰尿酸0.3克/米³、晶体敌百虫0.3~0.5克/米³。由于预防措施得当,整个养殖期间没有发生鱼病。

2. 结果与分析

生产成本总计134 134.95元/公顷。其中,苗种费34 583.85元/公顷,饲料63 750.6元/公顷,电费6 150元/公顷,池塘费4 500元/公顷,药费3 150.5元/公顷,人工及管理费22 000元/公顷。销售总收入167 740.8元/公顷。扣除养殖各项成本134 134.95元/公顷,平均利润33 605.85元/公顷,投入产出比为1:1.25。

3. 讨论

①微孔增氧具有高效增氧、净化水质的作用。微孔增氧技术是利用敷设

在池底、具有超微细孔的输气管，在曝气时所产生的微气泡，达到增氧效果的一项技术。由于微气泡上浮速度低，水越深，接触水体时间越长，比表面积越大，溶氧传递速率越高。因此，增氧效率高、增氧效果好。微孔管曝气增氧是水底增氧，其他增氧是表层增氧，而养殖水体主要是表层溶氧丰富，底层缺氧。水体底层沉积的肥泥、有机排泄物、残饵等有机物分解会消耗大量的氧。而微孔曝气增氧，可较有效地供给微生物分解有机物所需的氧气，提高水体自我净化功能。

②微孔增氧可降解有害气体，防治鱼病，提高饲料利用率。微孔增氧将底部有害气体带出水面，加快对池底氨、氮、亚硝酸盐、硫化氢的氧化，抑制底部有害微生物的生长，改善池塘的水质条件，减少病害的发生。同时，增氧区域范围广，溶氧分布均匀，增加了底部溶氧，保证了池塘水质的相对稳定，提高了饲料利用率，促进鱼类的生长，具有节能、安全等优点。

③多品种混养，合理利用资源。该试验采用多品种混养，合理利用水体空间和饵料资源。在放养密度大的情况下，优化养殖环境。选择了市场需求量大、生长速度快、销售价格高的异育银鲫"中科3号"为主养品种，也是该试验取得高产高效的主要原因。

第三节　异育银鲫"中科3号"病害防治实例

异育银鲫"中科3号"自2008年开始较大规模推广养殖以来，与第二代异育银鲫相比，表现出明显的抗病能力。但由于高密度养殖和养殖水质恶化等原因，也有多种疾病发生，尤其是孢子虫病和鳃出血病，给鲫鱼产业带来了巨大的冲击，以下几个实例是异育银鲫"中科3号"的相关报道。

一、国家大宗淡水鱼类产业技术体系福州综合试验站薛凌展等报道：异育银鲫"中科 3 号"黏孢子虫病的诊断和防治（薛凌展等，2011）

异育银鲫"中科 3 号"是中国科学院水生生物研究所淡水生态与生物技术国家重点实验室培育出来的新品种（品种登记号：GS01－002－2007），具有生长速度快、出肉率高、不易脱鳞、遗传性状稳定、肝脏碘泡虫发病率低、养殖经济效益高等特点，深受渔民的喜爱。2011 年 5 月，国家大宗淡水鱼产业技术体系福州综合试验站，从中国科学院水生生物研究所扩繁基地引进异育银鲫"中科 3 号"夏花 30 万尾，开展大规格苗种培育，并在大田县、顺昌县、武平县、明溪县、清流县、邵武市和闽侯县进行了新品种养殖示范。

通过对上述示范县各养殖场的病害调查发现，各地养殖的异育银鲫"中科 3 号"均发生不同程度的黏孢子虫病。病原经初步分类为鲫单极虫，发病率达 90% 以上。大多数地区通过及时治疗未造成严重损失，而清流县由于未采取治疗措施造成了以上的损失。现将福建地区异育银鲫"中科 3 号"黏孢子虫病的流行情况、诊断方法及治疗措施作简要介绍，为养殖者提供参考。

1. 流行情况

本次黏孢子虫病暴发的时间为 6—7 月。异育银鲫"中科 3 号"的规格为 4.3～5.5 厘米，水温为 30～32℃。发病期间，常见体表具瘤状孢囊的病鱼在上层水面游动，类似缺氧的症状。挤压隆起部位，可见白色的孢囊，严重影响鲫鱼的摄食和生长。由于鲫鱼生活习性是在底层活动，平时很难观察到鲫鱼的生长情况，一般看到水面上有游动的病鱼时，此时病情已较为严重，如果病情没有得到有效的治疗，其死亡率可达 80%～90%，损失较为严重。

2. 诊断方法

鲫单极虫属于孢子虫纲、赫孢子目、碘泡虫科、单极虫属，病原体主要

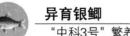
寄生于鲫鱼体两侧尾鳍、背部、头部，在寄主鳞片下形成白色椭圆形瘤状孢囊。用盖玻片刮下鱼体上的孢囊，有乳白色物质流出。压片镜检时可见橄榄形的孢子虫，且孢子虫中有梨形极囊，极丝带状，胞质中有一个明显的嗜碘泡和两个圆形胚核。孢子长约 19.0～23.0 微米、宽为 11.0～14.0 微米。根据测量数据，结合已查阅的相关资料，初步鉴定为鲫单极虫。

3. 治疗方法及效果

孢子虫的孢囊外壳阻碍药物的渗入。因此，短时间内很难将其彻底治愈。该病大部分属于慢性型，极少部分为急性型。所以，在治疗过程中，应采取内服加外用的方法进行综合治疗。查阅相关资料，有效驱除体表、鳃上孢子虫孢囊和控制体内孢子虫发育较为理想的外用药为敌百虫和硫酸铜合剂，以及灭孢灵等药物。内服药有灭孢灵（中药）和氯苯胍等。本次发病采用外用和内服同时进行的治疗方法。

①外用药：晶体敌百虫 0.3～0.5 克/米^3 加 0.2～0.3 克/米^3 硫酸铜全池泼洒，48 小时后换水 50%～80%，重复使用敌百虫和硫酸铜合剂一次，3～5 天后用 1～4 克/米^3 的灭孢灵全池泼洒。

②内服药：每千克饲料用 4～8 克灭孢灵或者 0.15%～0.2% 盐酸氯苯胍，连续投喂 5～7 天为一疗程，间隔 3～5 天后再服用一个疗程。经过 3 个疗程的治疗，病情得到很好的控制，摄食状况也有明显的好转，最终黏孢子虫病的治愈率在 90% 以上。

4. 小结

黏孢子虫作为鲫鱼危害较大的一种寄生虫，具有流行面积广、治愈难度高等特点，成为目前鲫鱼养殖较为棘手的病害之一。所以，在鲫鱼养殖过程中，要认真贯彻预防重于治疗的原则，下塘前要做好池塘的消毒工作，去除塘底表层的淤泥，延长晒塘的时间，使用敌百虫和生石灰进行彻底消毒，尽量杀灭散布塘底的病原体。引种前应做好抽样调查工作，避免从黏孢子虫病高发地区引种。在鱼种下塘前用晶体敌百虫和硫酸铜合剂进行浸浴，以防将黏孢子虫带进池塘。在日常管理方面要做好定时抽检工作，及时掌握鱼苗的健康状况，发现黏孢子虫及时处理。进入黏孢子虫病高发季节，每隔 1~2 周全池泼洒晶体敌百虫（0.3~0.5 克/米^3）一次。同时内服 4.0~5.0 克/千克灭孢灵药饵。在预防黏孢子虫病时，最好不要大量使用氯苯胍，以免对其产生抗药性，增加治疗难度。从本次对黏孢子虫病的综合治疗效果来看，治疗方案是可行的。

二、福建省上杭县水产技术推广站温晓红报道：异育银鲫"中科3号"细菌性败血症、黏孢子虫病并发的防治（温晓红，2012）

2012 年 5 月 27 日，笔者从上杭县永发种养殖有限公司 8# 池塘中钓到 1 尾鲤鱼（350 克）、10 尾异育银鲫"中科 3 号"（350~450 克）。发现异育银鲫"中科 3 号"有病症，诊断为细菌性败血症与黏孢子虫病并发。向养殖户了解，该鱼塘还未出现鱼死亡现象。通过及时治疗，对症下药，病情得到了很好的控制，减少了养殖户的损失。现将具体情况及治疗过程小结如下：

1. 基本情况

上杭县永发种业养殖有限公司是上杭县水产标准化养殖场。该场有池塘 11 口、面积 160 亩，发病的 8# 池塘面积 2 亩，平均水深 2 米。2011 年 6 月 20 日投放异育银鲫"中科 3 号"3 000 尾（2~3 厘米）、鲢鱼 400 尾（10~12 厘米）、鳙鱼 80 尾（10~12 厘米）和鲤鱼 100 尾（3~5 厘米）。

2. 发病症状

10 尾异育银鲫"中科 3 号"体表多处充血、出血，眼眶充血，胸鳍、腹鳍、背鳍基部充血，有 2 尾异育银鲫"中科 3 号"鳃丝上有白色米点物。

经观察和解剖诊断为细菌性败血症与黏孢子虫病并发。

3. 治疗方法

先杀灭寄生虫，后施用外用消毒药。

①第1天下午15：00时左右全池泼洒晶体敌百虫，使池水浓度为1毫克/升，连续2天。

②第3天下午17：00时左右，在弱光条件下全池泼洒二氧化氯，使池水浓度为0.4毫克/升，连续3天。

③第3天投喂季铵盐络合碘药饵。每400千克饲料拌入100毫升药液制成药饵。每天投喂1~2次，与外用药同时进行，连喂7天。

4. 小结与讨论

①发病原因。主要是在环境不良情况下，以嗜水气单胞菌为主体的多种细菌感染引起。

②池塘要彻底消毒。挖去过多的淤泥。苗种放养前7~10天每亩池塘（水深15厘米）用生石灰100~150千克全池泼洒。

③鱼体消毒。苗种投放时用高锰酸钾或聚维酮碘进行鱼体消毒。

④池塘管理。4—10月，每15天预防一次鱼病，可外泼生石灰、漂白粉、二氧化氯等消毒剂，每20天要加注一次新水。在饵料投喂上坚持"三看"、"四定"的原则。

三、江苏涟水县水产工作站张大中等报道：异育银鲫"中科3号"车轮虫病的防治方法及误区（张大中等，2012）

随着异育银鲫"中科3号"集约化养殖的发展，异育银鲫"中科3号"病害日趋增多，尤其是车轮虫的危害程度逐步加剧。及时做好病害防治，成为一项重要工作。

车轮虫主要危害鱼苗和鱼种，严重感染时可引起病鱼大批死亡。车轮虫一年四季均有发生，能够引起病鱼大批死亡主要是在4—7月。能引起车轮虫病的病原约有10多种，通过直接接触鱼体而传播。水浅、水质不良、饲料不足、放养过密、连续阴雨天气等，均容易引起车轮虫病的暴发。去年，涟水县渔业科技入户过程中，部分示范户养殖异育银鲫"中科3号"苗种池暴发大规模车轮虫病，给养殖户带来极大的损失。现将其防治过程总结如下：

症状：在车轮虫少量寄生时没有明显症状。严重感染时，车轮虫在鱼的鳃及体表各处不断爬动，损伤上皮细胞，上皮细胞及黏液细胞增生、分泌亢进，鳃上的毛细血管充血、渗出。严重感染时，大片上皮细胞坏死，病鱼沿池边狂游，呈"跑马"状。有时病鱼体表出现一层白翳。病鱼受虫体寄生的刺激，引起组织发炎，分泌大量黏液。鱼体消瘦、发黑、游动缓慢、呼吸困难而死。

防治：

①用2.5%～3.5%的盐水浸浴5～10分钟，然后转到流水池中饲养，病情可好转至痊愈。

②用硫酸铜和硫酸亚铁（5:2）合剂0.7克/米³全池泼洒。但用药后要注意观察鱼的活动情况，发现异常应马上换水。

③B型灭虫精。使用时，将本品用少量水彻底溶解，再稀释1 000～3 000倍，全池均匀泼洒，严禁局部药物浓度过高。

预防：每月一次，灭虫精80克/亩。春秋季发生寄生虫时，如水温低于20℃、水清瘦时，用量为80克/亩。

④杀虫先锋。将本品100毫升按6～8亩（平均水深1米）计算药品用量。若虫情较重，隔日按以上剂量再使用一次。春秋季水温低、水质清瘦时，宜采用低剂量；夏季高温季节，水质肥沃，宜采用高剂量，并视病情、体质情况酌情增减用量。使用时，先将药品溶于少量水，稀释5 000～10 000倍

后，全池均匀泼洒，严禁局部药物浓度过高。

养殖过程中，对车轮虫病的认识上存在七点误区：

一是宿主发生阶段有误。认为车轮虫仅在鱼苗、鱼种阶段发生，而成鱼不会感染发病，甚至死亡。

二是症状认识有误。鱼体表被寄生处，会分泌大量黏液，头部体表等部会出现一层白翳，呈现白头白嘴状，误认为白头白嘴病。当鳃部寄生时，鳃丝肿胀，分泌大量黏液，误为烂鳃病。病鱼暗浮头误为水体缺氧。病鱼沿塘边狂游呈"跑马"状，误为小三毛金藻中毒等疾病。

三是流行时间认识有误。一般人认为车轮虫病仅发生在春季，病鱼大批死亡在4—7月。实际上，车轮虫一年四季均可发生，秋后车轮虫引起鱼类大量死亡时有发生。

四是传播途径认识有误。车轮虫以直接接触鱼体而传播，但是离开鱼体的车轮虫能在水中游泳，转移宿主，可以随水、水中生物及工具等传播。

五是产生病灶部位认识不足。车轮虫除寄生在鱼的体表、鳃等处，有时在鼻孔、膀胱和输尿管中也有寄生并产生病灶。

六是根据鱼体质判断失误。体质差的鱼容易感染，但当水体环境非常差，体质较好的鱼也能感染。

七是用药认识有误。车轮虫寄生在鳃部发病当作烂鳃处理，造成久治不愈。碱性水质用硫酸铜、硫酸亚铁合剂效果很差，而有些车轮虫药需要将水质调成碱性方见效果。天气不好，刺激性大的药品可使病鱼加重病情，造成大错。还要注意控制好药物剂量，药物浓度过低，不仅杀不死车轮虫，反而会刺激它加快繁殖。而浓度过高可能会导致鱼死亡。引起车轮虫暴发的原因有很多，池水较浅、水质不好、饲料不足、放养过密、连续阴雨等因素均可诱发其灾害。因此，一定要精心管理，从清淤清塘到池塘底质改良，从肥水到调节水质、平衡藻相，从确定放养到投饵、病害防治，每一环节都要认真对待。

参考文献

蔡云川，翁如柏，姜志勇，等.2014.异育银鲫"中科3号"高产健康养殖技术［J］.中国水产，07：72-74.

曹俊峰.2014,异育银鲫及其稻田养殖［J］.农村科学实验，11：33-34.

常淑芳，刘长有，李秀颖，等.2014.微孔增氧在异育银鲫中科3号成鱼养殖中的应用效果研究［J］.现代农业科技，16：254+261.

陈昌福，陈辉，胡明，等.2015.异育银鲫疱疹病毒病及其防控对策（上）［J］.当代水产，04：80-81.

陈昌福，陈辉，胡明，等.2015.异育银鲫疱疹病毒病及其防控对策（下）［J］.当代水产，05：77-79.

陈学年，郭玉娟，王忠卫，等.2011.异育银鲫"中科3号"与丰产鲫形态特征及生长的比较研究［J］.淡水渔业，05：83-87.

丁文岭，薛庆昌，冯桃健.2010.异育银鲫"中科3号"引进与推广试验［J］.水产养殖，08：8-9.

丁文岭，薛庆昌，张德顺，等.2012.异育银鲫"中科3号"规模化半人工繁殖试验［J］.水产养殖，11：22-23.

丁文岭，张德顺，蒋玉军，等.2015.异育银鲫"中科3号"成鱼池混养鳜鱼健康高效养殖技术试验［J］.科学养鱼，01：84-85.

樊海平，秦志清，薛凌展.2015.草鱼苗种培育池套养异育银鲫"中科3号"试验［J］.科学养鱼，04：83-84.

高宏伟，王博涵，李晓春，等.2015.不同培育密度对异育银鲫中科3号夏花苗种成活率的影响［J］.现代农业科技，16：258-264.

桂建芳，司亚东，周莉.2003.异育银鲫养殖技术［M］.北京：金盾出版社.

桂建芳.2009.异育银鲫养殖新品种——"中科3号"简介［J］.科学养鱼，05：21.

桂建芳.2011.异育银鲫"中科3号"人工繁殖和苗种培育技术［J］.农村养殖技术，10：

41 – 42.

黄庆，陈志刚，周卫华，等.2013.异育银鲫"中科 3 号"与第一代异育银鲫生长对比试验
[J].科学养鱼，02：19 – 20.

黄仁国，李荣福，臧素娟，等.2012.异育银鲫"中科 3 号"半人工繁殖技术 [J].水产养
殖，05：1 – 2.

贾景瑞.2014.异育银鲫"中科 3 号"苗种引进培育试验 [J].河北渔业，10：33 + 47.

解绶启，叶金云，刘文斌.2010.鲫鱼养殖配合饲料投喂技术规程 [J].科学养鱼，11：45.

魁海刚.2012.临夏地区异育银鲫"中科 3 号"引进与养殖试验 [J].农业科技与信息，11：
40 – 42.

李玮，钱敏，高光明.2010.异育银鲫"中科 3 号"夏花培育技术 [J].科学养鱼，07：9.

李秀颖，祖岫杰，刘艳辉.2013.异育银鲫中科 3 号人工繁殖及池塘养殖试验 [J].现代农业
科技，23：262 – 263 + 265.

刘贵仁.2014.异育银鲫"中科 3 号"池塘驯化养殖高产技术措施 [J].黑龙江水产，02：10
– 12.

刘维水.2012.池塘主养异育银鲫"中科 3 号"高产高效试验 [J].水产养殖，05：7 – 8.

刘新轶，冯晓宇，姚桂桂，等.2014.异育银鲫"中科 3 号"冬片鱼种高产培育试验 [J].科
学养鱼，11：84 – 85.

潘彬斌，冯晓宇，刘新轶，等.2014.异育银鲫"中科 3 号"人工繁育技术 [J].杭州农业与
科技，06：45 – 47.

赛清云，王远吉，杨英超，等.2013.宁夏异育银鲫"中科 3 号"人工繁殖试验初报 [J].科
学养鱼，02：82 – 83.

桑石磊.2014.异育银鲫"中科 3 号"与丰产鲫的生长性状比较研究 [J].农技服务，05：
156 – 157.

沈丽红，瞿纪军，陈国伟，等.2011.异育银鲫"中科 3 号"养殖试验 [J].科学养鱼，
10：41.

孙宝柱，费香东，张景龙，等.2013.异育银鲫"中科 3 号"水花成活率80%培育技术 [J].
科学养鱼，02：6 – 7.

孙琪，阮记明，胡鲲，等.2012.江苏射阳县大红鳃病与鳃出血病的案例分析 [J].科学养

鱼，11：64－65.

孙瑞，彭仁海．2008．异育淇鲫网箱高效养殖试验［J］．科学养鱼，07：19－20.

田照辉，卢俊红，朱华，等．2010．异育银鲫"中科3号"和草鱼养殖试验示范［J］．科学养鱼，06：41.

温晓红．2012．异育银鲫细菌性败血症、黏孢子虫病并发的防治［J］．渔业致富指南，19：59.

吴霆，丁正峰，朱春艳，等．2014．异育银鲫鳃出血病流行病学调查和研究［J］．水产科学，05：283－287.

夏清文．2015．山区池塘养殖异育银鲫"中科3号"高产高效试验初报［J］．黑龙江水产，03：44－47.

谢义元，段中华，黄志明，等．2014．异育银鲫"中科3号"成鱼池塘80：20精养模式试验［J］．中国水产，11：67－68.

徐琴．2014．异育银鲫春季常见四种病害防治技巧［J］．渔业致富指南，07：49－50.

薛凌展，樊海平，吴斌，等．2011．异育银鲫"中科3号"黏孢子虫病的诊断与防治［J］．科学养鱼，12：60.

薛凌展．2014．"鱼－菜－菌"生态养殖模式氮磷转化及去除效果分析［J］．亚热带资源与环境学报，04：15－25.

薛凌展．2014．温度对异育银鲫"中科3号"胚胎发育的影响［J］．福建师范大学学报（自然科学版），04：76－83.

薛庆昌，丁文岭，孙青，等．2012．异育银鲫"中科3号"亲鱼和鳜鱼混养技术［J］．科学养鱼，12：7－8.

杨锦英，周捷．2014．异育银鲫"中科3号"与普通银鲫成鱼养殖对比试验［J］．科学养鱼，07：81－82.

杨先乐，王乙力．2013．新型一氧化氮和高氯酸锶饲料添加剂在防治鲫大红鳃病中的应用［J］．科学养鱼，07：57－58.

姚桂桂，冯晓宇，刘新轶，等．2014．异育银鲫"中科3号"和黄颡鱼的高效混养试验［J］．科学养鱼，06：83－85.

银旭红，段中华，傅雪军．2012．池塘主养异育银鲫"中科3号"成鱼高产试验［J］．江西水产科技，01：25 - 26.

袁圣 . 2013. 防治异育银鲫"鳃出血"病的一些体会 ［J］. 科学养鱼，06：63，93.

张大中，黄爱华 . 2012. 异育银鲫"中科 3 号"车轮虫病的防治方法及误区 ［J］. 科学养鱼，03：60.

张芹，杨兴丽，杨文巩 . 2015. 异育银鲫"中科 3 号"高产高收益养殖模式 ［J］. 科学养鱼，02：81.

张韦，吴会民，李春艳，等 . 2010. 异育银鲫"中 科 3 号"养殖试验 ［J］. 科学养鱼，10：21.

张小东 . 2012. "中科 3 号"异育银鲫夏花苗种培育和推广养殖试验 ［J］. 科学养鱼，11：5 - 6.

赵金奎 . 2000. 北方精养池塘鱼类安全越冬的关键技术 ［J］. 中国水产，11：29 - 30.

郑伟 . 2015. 池塘健康养殖异育银鲫"中科 3 号"试验分析 ［J］. 农技服务，06：205 + 200.

周永兴，王建伟，龙斌 . 2012. 异育银鲫"中科 3 号"养殖试验 ［J］. 科学养鱼，11：80 - 81.

朱锦超，黄爱华 . 2014. 80：20 模式主养异育银鲫"中科 3 号"技术 ［J］. 江西水产科技，01：41 - 42.

朱锦超，黄爱华 . 2014. 异育银鲫"中科 3 号"养殖技术 ［J］. 新农村，06：29 - 30.

祖岫杰，李秀颖，刘慧吉，等 . 2014. 异育银鲫"中科 3 号"规模化人工繁殖技术 ［J］. 水产科技情报，03：131 - 133.

祖岫杰，刘艳辉，李改娟 . 2010. 池塘养殖异育银鲫"中科 3 号"苗种试验 ［J］. 科学养鱼，01：42 - 43.

Gui J, Zhou L. 2010. Genetic basis and breeding application of clonal diversity and dual reproduction modes in polyploid *Carassius auratus gibelio*. Science China-Life Sciences, 53（4）：409 - 415.

Hanfling B, Bolton P, Harley M, et al. , 2005. A molecular approach to detect hybridisation between crucian carp（*Carassius carassius*）and non-indigenous carp species（*Carassius spp. and Cyprinus carpio*）. Freshwater Biology, 50（3）：403 - 417.

Jakovlic I, Gui JF. 2011. Recent invasion and low level of divergence between diploid and triploid forms of *Carassius auratus* complex in Croatia. Genetica, 139（6）：789 - 804.

Jiang FF, Wang ZW, Zhou L, et al., 2013. High male incidence and evolutionary implications of triploid form in northeast Asia *Carassius auratus* complex. Molecular Phylogenetics and Evolution, 66 (1): 350 – 359.

Li XY, Li Z, Zhang XJ, et al., 2014b. Expression characterization of testicular DMRT1 in both Sertoli cells and spermatogenic cells of polyploid gibel carp. Gene, 548 (1): 119 – 125.

Li XY, Zhang XJ, Li Z, et al., 2014a. Evolutionary history of two divergent Dmrt1 genes reveals two rounds of polyploidy origins in gibel carp. Molecular Phylogenetics and Evolution, 78: 96 – 104.

Liousia V, Liasko R, Koutrakis E, et al., 2008. Variation in clones of the sperm – dependent parthenogenetic *Carassius gibelio* (Bloch) in Lake Pamvotis (north-west Greece) . Journal of Fish Biology, 72 (1): 310 – 314.

Sakai H, Iguchi K, Yamazaki Y, et al., 2009. Morphological and mtDNA sequence studies on three crucian carps (*Carassius*: *Cyprinidae*) including a new stock from the Ob River system, Kazakhstan. Journal of Fish Biology, 74 (8): 1 756 – 1 773.

Toth B, Varkonyi E, Hidas A, et al., 2005. Genetic analysis of offspring from intra – and interspecific crosses of *Carassius auratus gibelio* by chromosome and RAPD analysis. Journal of Fish Biology, 66 (3): 784 – 797.

Vetesnik L, Papousek I, Halacka K, et al., 2007. Morphometric and genetic analysis of *Carassius auratus* complex from an artificial wetland in Morava River floodplain, Czech Republic. Fisheries Science, 73 (4): 817 – 822.

Wang Z, Zhu H, Wang D, et al., 2011. A novel nucleo-cytoplasmic hybrid clone formed via androgenesis in polyploid gibel carp. BMC Research Notes, 4: 82.

Yang L, Gui JF. 2004. Positive selection on multiple antique allelic lineages of transferrin in the polyploid *Carassius auratus*. Molecular Biology and Evolution, 21 (7): 1 264 – 1 277.

Zhang J, Sun M, Zhou L, et al., 2015. Meiosis completion and various sperm responses lead to unisexual and sexual reproduction modes in one clone of polyploid *Carassius gibelio*. Scientific Reports, 5: 10 898.

Zhou L, Gui JF. 2002. Karyotypic diversity in polyploid gibel carp, *Carassius auratus gibelio*

Bloch. Genetica, 115 (2): 223 –232.

Zhou L, Wang Y, Gui JF. 2000. Genetic evidence for gonochoristic reproduction in gynogenetic silver crucian carp (*Carassius auratus gibelio bloch*) as revealed by RAPD assays. Journal of Molecular Evolution, 51 (5): 498 –506.

Zhu HP, Ma DM, Gui JF. 2006. Triploid origin of the gibel carp as revealed by 5S rDNA localization and chromosome painting. Chromosome Research, 14 (7): 767 –776.